AF452728

COQUILLES

TERRESTRES ET FLUVIATILES

RECUEILLIES DANS L'ORIENT PAR

M. LE Dr ALEXANDRE SCHLAEFLI

DÉTERMINÉES

PAR

ALBERT MOUSSON.

ZURICH.

IMPRIMERIE DE ZURCHER ET FURRER.

1859.

Comme suite, en quelque sorte, à mon petit écrit sur les mollusques rapportés de l'Orient par M. le Professeur Bellardi*), je me propose de soumettre à un examen analogue le résultat des recherches de mon jeune ami et compatriote, M. le Dr. Alexandre Schläfli. Poussé par les circonstances à entrer, lors de la guerre de la Crimée, dans le service médical de l'armée turque, il eut l'occasion d'accompagner son régiment dans diverses contrées peu explorées et employa ses loisirs, en fidèle disciple de la science, à des recherches entomologiques et malacologiques, qui ont fourni des faits, en partie nouveaux et intéressants. Plusieurs lieux ne furent visités qu'au vol et ne sont représentés dans les envois que par quelques espèces isolées; d'autres parcontre le retinrent plus longtemps et lui fournirent des séries d'objets, qui constituent un tableau assez complet de leur faune locale.

Mais ce qui, à mes yeux, relève surtout la valeur de ces observations, c'est la précision et l'exactitude des indications de patrie, qui accompagnent chaque espèce, — qualités, dont ne jouissent que bien rarement les notices, recueillies souvent à la hâte et sans ordre, par les voyageurs. Et cependant les indications inexactes ou erronées, qui fourmillent encore dans les livres, sont le principal empêchement à bien saisir les rapports de distribution, de transition, de subs-

---

titution des espèces, à reconnaître la place qu'elles occupent, le rôle qu'elles jouent dans la vie et l'économie de la nature. Pour mieux faire ressortir ce point de vue, il nous semble le plus convenable de ne pas réunir tous les objets en une même série, mais d'en former des listes séparées pour les différentes contrées principales, présentant ainsi des tableaux plus ou moins complets de leur faune locale; — tableaux dans lesquels se rangeront les descriptions d'objets nouveaux, aussi bien que les remarques détachées sur des espèces déjà connues. Je me permettrai en général de traiter mon sujet selon mes convenances, sans m'astreindre à une méthode uniforme ou strictement scientifique. Il arrive trop souvent que de simples diagnoses, quelque complètes et bien faites qu'elles soient, ne présentent à l'esprit qu'un image sans individualité, tandis qu'il suffit de quelques remarques de critique ou de quelques comparaisons avec des espèces connues pour fixer les idées, pour assigner à une forme sa place parmi ses congénères et déterminer sur le sol son domaine naturel. Une simple causerie, sans formes gênantes, convient surtout, lorsqu'il s'agit de poursuivre une espèce dans le cercle de ses variétés, de ses modifications géographiques, de ses transitions apparentes à d'autres formes. Enfin, le mode que nous choisissons de présenter les objets en faunes séparées nous offre l'avantage d'étendre plus tard notre catalogue à de nouvelles contrées, à mesure que le zèle infatigable de notre jeune ami nous en fournira l'occasion.

Je commence mon petit travail par les points les plus occidentaux, savoir les Iles de Corfou et de Céfalonie, les principales de l'Archipel Ionien. J'ai eu le plaisir de visiter et de parcourir ces deux îles en Septembre 1858, conjointement avec M. Schläfli, et nous y avons puisé des matériaux, que j'ai lieu de considérer, du moins pour la saison où nous nous trouvions, comme assez complets. En suite, en allant de l'Ouest à l'Est, je présenterai les fragments recueillis par mon ami seul sur les côtes de l'Epire, la faune presque complète des environs de Janina, les objets provenant de l'intérieur de la Bulgarie jusqu'à Varna, enfin ceux, moins connus encore, trouvés aux environs de Batum sur la limite du littoral de l'Asie mineure.

I. ILE DE CORFOU.

1. Helix aperta Born. (naticoides Drap.)
Identique avec les types de Marseille et de Toulon. — Trouvée dans les bosquets de l'Esplanade de la ville.
2. Helix ambigua Parr.
M. Parreyss désigne sous ce nom une espèce qui avoisine et remplace probablement l'*H. grisea* Lin. (sec. Pfr.), avec laquelle la plupart des auteurs semblent la réunir. Dans l'*H. grisea* les 3 zones supérieures se fondent presque toujours en une large bande gris-brunâtre, un peu moins large toutefois que dans l'*H. melanostoma* Drap.; l'*ambigua* les a toujours séparées, sur les tours supérieurs même d'une manière très-tranchée. De même, les deux fascies inférieures, dont la seconde disparaît souvent, sont étroites et plus distinctes. Vers le bord de l'ouverture la coloration externe fait place, comme dans l'*H. melanostoma*, à une espace blanchâtre; tandis qu'une bande brun-foncée, souvent fort intense, borde la surface intérieure, qui, au lieu d'être grise

et plombée, reste constamment blanche. Quant à la forme, le bord inférieur de l'ouverture s'abaisse plus que dans la *grisea*, le bord columellaire n'a aucune tendance vers une ligne droite, comme le présente cette dernière et encore plus distinctement en sens incliné l'*H. cincta* Müll. (sec. Rossm.) Ce bord columellaire, régulièrement recourbé, ne s'épaissit pas par l'âge dans toute son étendue, mais reste, à l'exception de sa racine, assez grêle, tout en partageant la couleur foncée du péristome intérieur et de la paroi de l'ouverture.

L'*H. ambigua* provient de la Grèce et de la Thessalie, tandis que la *grisea* traverse la Lombardie de Bergame, au Lac Garda, à Vérone, à Padoue, à Mon Falcone. Elle se retrouve dans l'Istrie et la Dalmatie (Fiume et Zara) et reparaît enfin, avec les mêmes caractères, quoique une idée moins globuleuse, aux environs de Smyrne. Probablement les N° 577, 578 de M. Rossmaessler, qu'il nomme *H. melanostoma* var. *vittata*, appartiennent à l'*H. ambigua*. Le pourtour de l'ouverture rapproche en effet notre espèce de cette dernière, tandis que la forme moins renflée, la spire plus lentement croissante, la coloration extérieure l'en séparent. Peut-être se remplacent-elles géographiquement.

La coquille recueillie dans les broussailles des rochers de la citadelle diffère un peu du type de l'*H. ambigua*; je la nomme:

> var. *borealis*. — *Paulo minor, conico-globosa, fasciis in anfractu ultimo evanescentibus, lineis decurrentibus indistinctis.*

3. Helix aspersa Müll.

Cette espèce, répandue sur tout le bord de la

Méditerranée, se trouve entre les rochers et les broussailles de l'ancien Château et probablement sur beaucoup d'autres points, sans aucune particularité.

Helix carthusiana Müll. (carthusianella Drap.)

Son ombilic bien marqué, sa forme aplatie, sa couleur uniforme grisâtre, laiteuse inférieurement, sa large
bordure blanche à l'extérieur du péristome brun-gris,
enfin le bord basal presqu' horizontal, la distinguent
toujours de la suivante. En Septembre elle se trou-
vait en individus très-grands et adultes au haut des
tiges et plantes qui bordaient les routes et les champs.

5. Helix Olivieri Fer. var. *parumcincta* Ziegl.

Voyez pour cette espèce les remarques qui se trouvent p. 5 de mes Coqu. du voy. de M. Bellardi. Souvent
les deux bandes opaques ne sont que faiblement accu-
sées, et la coquille, surtout à l'état mort, prend un
aspect uniforme. Cette espèce, toujours sans ombilic,
se trouve en grand nombre dans les broussailles et
herbes parmi les rochers, sur la côte aussi bien que
dans l'intérieur de l'Ile.

6. Helix corcyrensis Partsch (contorta Ziegl.).

J'ai recueilli cette charmante espèce, qui a les mêmes habitudes que notre *H. obvoluta* Müll. et la remplace
à tout égard, sur différents points de l'Ile et me suis
convaincu, qu'il n'existe à Corfou qu'une seule espèce
de ce type, variant considérablement en grandeur,
mais peu dans sa forme. L'adoption d'une *seconde* espèce *H. canalifera* Anton (Verzeichniss der Conchylien.
Halle, 1839; p. 39, N° 1427, et Pfeiffer Mon. I. p. 415.)
comme provenant de Corfou est certainement erronée
et repose sur une fausse idée de l'*H. corcyrensis* ou
une confusion d'étiquettes. La figure que donne M.
Rossmaessler N° 538 de l'*H. contorta* Z. (= corcyren-

sis P.) est bonne, seulement l'ouverture est ordinairement une idée plus large et plus arrondie; on n'y trouve cependant pas l'indication des stries rugueuses qui garnissent plus ou moins distinctement la partie supérieure des tours. Les poils velus disparaissent dans les vieux individus. La spire s'élève à partir des derniers tours un peu, puis s'aplatit et se creuse même vers le sommet de la spire.

Nous parlerons plus tard des variétés de cette espèce, qui joue un grand rôle dans la Grèce et la Turquie. Nous considérons la forme actuelle, conformément à son nom, comme le type de l'espèce.

7. Helix ?.

Dans les rochers calcaires de la chaîne du St. Salvador habite, profondément cachée, une espèce du groupe des Campylées Alb., assez grande, à zône blanchâtre, dont je n'ai malheureusement pu découvrir que des fragments trop incomplets pour être déterminés.

8. Helix pisana Müll.

C'est la forme typique et à perforation bien distincte. La coloration dominante, composée de fines linéoles entières ou interrompues, ne présente rien de particulier. Cette coquille se trouve sur les plantes de la grève, dans les petites anses des escarpements occidentaux, p. ex. à Palaeocastrizza.

9. Helix meridionalis Parr.

C'est l'espèce du groupe de l'*H. striata* Drap. (non Müll.) que M. Rossmaessler représente N° 354, et que j'ai mentionnée p. 6 des Coqu. de M. Bellardi. Sa forme aplatie, les stries grossières du dernier tour, son ombilic évasé la détachent de la vraie *striata* Drap. ou *profuga* A. Schm.

J'ai désigné à l'endroit cité sous le nom de *striata* var. *ionica* une forme de Corfou qui avoisinait l'*H. meridionalis*. Elle se trouve en immense quantité sur les herbes et buissons de l'Esplanade et des prairies, voisines de la mer, qui s'étendent vers Castrades. Tous les individus étaient non adultes, ainsi que ceux rapportés par M. Bellardi. Mais je me suis convaincu sur des exemplaires morts, trouvés aux mêmes lieux et ayant jusqu'à 12^{mm} de diamètre, qu'à l'état adulte ils passaient à l'*H meridionalis*. Ainsi le nom de *ionica* doit être tracé.

10. Helix profuga A. Schm.

C'est à-peu-près l'*H. striata* Drap., telle qu'elle se trouve dans la majeure partie de l'Italie. A Corfou elle se répand jusque dans l'intérieur de l'Ile, en occupant des pentes sèches, mais gazonnées. Souvent on serait tenté de réunir cette espèce aux jeunes individus de la précédente; cependant dans le grand nombre que j'en ai ramassé, tant morts, que vivants, je n'ai pas trouvé une seule vraie *meridionalis*.

Dans les petites anses de la côte occidentale se trouve une petite forme de 6 à 7^{mm} au lieu de 8 à 10, qui a ses tours une idée plus convexes, mais qui cependant paraît s'y lier par transition.

L'*H. pustulosa* Ziegl., que M. Parreyss indique de Corfou et qui se distingue par un ombilic encore plus étroit, des tours plus renflés et moins nombreux, enfin des stries très peu marquées, ne nous est pas tombée sous la main.

11. Helix apicina Lam.

Parmi les plantes entre les rochers de l'ancien Château. Elle reste assez petite, mais ne dévie pas du type. Cette espèce, comme on sait, est une des plus répandues sur les bords de la Méditerranée. Depuis Cadix elle suit tout le littoral de l'Espagne, celui de la France, de l'Italie, de la Sicile, enfin de la Dalmatie (Rossm.), toujours en se tenant aux terrains rocheux. Au-delà de Corfou on ne l'a pas encore citée.

12. Helix conspurcata Drap.

Tout en maintenant son indépendance, cette espèce est une compagne assez fidèle de la précédente. A Corfou toutefois elle est plus rare.

13. Helix pyramidata Drap.

De moyenne grandeur, soit blanche, soit bandée. — Sur les plantes au bord de la mer, surtout dans les petites anses de la côte occidentale de l'Ile. (Baie de Liapades.)

14. Helix pyramidata var. *Requieni* Jeniss. (sec. Parr.)

Mêlée aux individus typiques on trouve plus rarement une petite forme qui, avec le même nombre de tours, n'a que 5 à 7^{mm} de diamètre. La perforation plus forte, la dépression des tours et de l'ouverture, l'absence de carène, la séparent de l'*H. conica* Drap. et la rangent sous le type de l'*H. pyramidata*. J'emploie pour cette variété le nom que M. Parreyss donne à une forme analogue provenant de la Dalmatie, mais ne prétends aucunement en garantir l'application.

15. Bulimus acutus Drap.

Partout dans l'herbe, dans le voisinage de la grève,

16. Bulimus subtilis Rossm.

Cette charmante espèce, dont les formes typiques proviennent de Raguse, de Cattaro et d'autres points de la Dalmatie, ne s'est présentée à nous qu'une seule fois, sur la terre, sous les bosquets de Myrtes près du monastère de Mirtiotizza (côte occidentale de l'Ile).

Certains individus sont, à la grandeur près, la copie du type; d'autres parcontre sont plus grèles et le nombre des tours s'élève à 10, sans qu'on ait le droit de les séparer. Nous caractérisons notre variéte, comme il suit.

> var. *corcyrensis* Mss. — *Minor*, 9 *millim. non supe-*
> *rans, paulo gracilior, pallidior, anfractibus* 9 — 10.

Je la considère provisoirement comme un développement limite, peut-être insulaire, du vrai *subtilis*; toutefois il serait à désirer, qu'on pût la relier à celui-ci au moyen d'observations, faites dans l'Epire et l'Albanie.

17. Chondrus pupa Brg.

Il se trouve entre les herbes des rocailles, mais n'est pas commun. Forme et grandeur conformes au type.

Nous n'avons pas trouvé d'autres Chondrus, mais je pense qu'à une époque plus favorable, au printemps surtout, on rencontrera quelque représentant des types de *tridens* et *quadridens*.

18. Pupa Philippii Cantr.

La pauvreté de l'Ile de Corfou en vraies Pupas, mêmes dans les montagnes calcaires, antrepart si riches en espèces, nous a beaucoup frappés. Nos nombreuses recherches, tant sur le terrain calcaire, que sur les grès tertiaires, n'ont abouti qu'à une seule petite espèce, qui possède tout-à-fait l'ouverture à 4 dents de l'*H. Philippii*, tout en ayant une moindre grandeur, un tour de moins et une couleur plus foncée. Cette espèce, comme on sait, a été trouvée à Naples (P. caprearum Phil.), à Pise (P. Sawii Char.), en Dalmatie (P. nana Parr.), au Montenegro (Küster), jusque dans l'Attique (Roth); il n'est donc pas étonnant de la rencontrer à Corfou. Ce n'est cependant plus la forme typique, mais une variété bien prononcée, que je nomme:

> var. *exigua* Mss. — *Minor, 3 — 3¹/₂ millim. non superans, obscure violaceo-cornea, anfractibus 3 — 3¹/₂, dentibus palatibus minutis.*

Elle se rapproche le plus des exemplaires de l'Attique.

19. Glandina compressa Mss.

> *T. oblongo-cylindracea, involuta, tenuis, diaphana, confertim costulato-striata, sub epidermide fugacissima pallida vel albida. Spira cylindraceo-turrita, apice obtusiusculo, sutura irregulariter crenulata et submarginata. Anfractus 5, celerrime accrescentes, in medio plani; ultimus elongatus, descendens, spiram aequans, in tertia parte subimpressus. Columella leviter arcuata vel recta, subito truncata. Apertura acute piriformis, subtus vix latior. Perist. rectus, acutus, in tertia parte antrorsum convexus, marginibus callo tenui junctis.*

> Diam. maj. 11 *millim.*, min. 10, *altit.* 35.

> Diam. maj. apert. 16 *millim.*, min. 7.

J'ai longtemps hésité à détacher cette forme de la *Gl. algira* Brg. (Poiret. Fer.), et peut-être ai-je tort de le faire, malgré les différences qui l'en séparent, ce que l'avenir décidera. La vraie *algira*, découverte d'abord en Sicile et dans le Napolitain, se retrouve, comme on sait, dans l'Istrie et la Dalmatie, de Trieste à Cattaro. Dans l'Epire et aux îles ioniennes elle change de forme: la spire est moins conique, mais cylindrique jusque vers le sommet obtus; le dernier tour, sur le côté dorsal, occupe près de ²/₃ de toute la longueur et se creuse comme par compression au tiers de sa hauteur; la coquille en outre n'a constamment que 5 tours au lieu de 6 à 7.

Cette belle Glandine, conjointement avec la suivante, qui est peut-être plus remarquable encore, sont très-fréquentes et forment un des traits les plus marquants de la faune ionienne. La première se trouve parmi les rochers et pierres calcaires pas trop distants de la côte, mais, en animal carnivore, ne sort que de nuit ou pendant les pluies. Parmi une trentaine ramassées dans les rochers de l'ancien Château, aucune n'était entière, toutes étaient décollàtes à l'endroit du second tour et parfaitement nettoyées comme par l'action destructive d'un animal carnivore, peut-être par la voracité d'individus plus forts de l'espèce même.

20. Glandina dilatata Ziegl.

Cette espèce, bien représentée dans la seconde Edit. de Chemnitz. Bulimus. T. 17, fig. 19 — 21, est bien moins connue que l'*algira*. Mais elle s'en distingue, ainsi que de la précédente, par sa forme beaucoup plus renflée et bien régulière, par sa surface moins striée, son dernier tour fort convexe, sa columelle arquée, etc. On ne la connaissait jusqu'ici que de l'Algérie et de la Sicile; il est remarquable de la retrouver en individus de 37^{mm} de longueur sur 16^{mm} d'épaisseur à Corfou, où elle habite les rochers et vieux murs calcaires, dans l'intérieur de l'Ile surtout, sans jamais passer à la précédente.

21. Clausilia papillaris Drap.

Cette espèce, une des plus répandues sur tout le pourtour de la Méditerranée, est très-fréquente entre les racines des plantes qui croissent parmi les rochers ou dans les fentes des murs ombragés. Elle est p. ex. fréquente aux environs des sources de Benizza, en exemplaires sveltes, luisants et assez petits, ne surpassant pas 11^{mm}. En d'autres lieux elle a jusqu'à 14^{mm}.

22. Clausilia stigmatica Ziegl.

Cette jolie espèce provient originairement de la Dalmatie, de Metkowich, de Cattaro, de Narenta, etc.; il est curieux de la voir s'étendre aussi loin au Midi que Corfou. La figure de M. Rossmaessler, Icon. T. 12, N° 163, réduite d'un quart, représente assez bien l'espèce que nous avons recueillie en grand nombre sur la mousse des vieux troncs d'oliviers. La lamelle inférieure très relevée et terminée sur le bord de l'ouverture par une petite protubérance; les trois plis bien visibles du palais; la lunelle tout-à-fait rudimentaire; les papilles distinctes sur toute la suture — tous ces caractères ne conviennent à aucune autre espèce.

M. Parreyss nomme *C. concolor* Ziegl. une espèce glabre, qui doit également provenir de Corfou. Au premier abord on pourrait la confondre avec la précédente, mais elle possède une lunelle bien développée et une lame inférieure non prolongée en avant, et fait partie du groupe de la *C. binotata* Ziegl. Je doute un peu de sa présence à Corfou.

23. Clausilia conspersa Parr.

Cette espèce, peu connue jusqu'aux envois de M. Schläfli, joue un rôle important dans la faune de l'Epire. A Corfou elle est assez rare; je n'en ai rencontré que deux exemplaires sur un vieux mur couvert de mousse. Ils s'accordent fort bien avec la figure de M. Rossmaessler, Icon. III. T. 80, N° 892, seulement sont-ils un peu plus faibles et ont-ils le bord moins développé. La surface striée sans lustre, la lamelle inférieure très-proéminente, la lunule étendue, accompagnée seulement d'un long pli supérieur, sont tout-à-fait caractéristiques.

24. Clausilia corcyrensis Mss.

T. vix rimata, fusiformis, griseo-alba, opaca, acute confertim costulata. Spira non attenuata, apice corneo, sutura impressa. Anfractus 10, convexiusculi; ultimus regulariter costulatus, basi subcristatus. Apertura late ovata, parvula, intus alba, lamella supera parva, infera immersa, distincta; lunella obsoleta; plica palatalis unica, supera, conspicua, columellari occulta. Perist. solutum, continuum, expansiusculum.

Diam. 3; altit. 13 millim.

Diam. vert. apert. 2,5; transv. 2 millim.

Je m'étais attendu à trouver à Corfou la vraie *Cl. senilis* (Icon. T. 1, N° 248, 249), que la plupart des auteurs y placent, et fus surpris d'y rencontrer comme espèce dominante, répandue sur tous les rochers de la côte orientale, une coquille bien plus petite, 13ᵐᵐ au plus, et qui s'en distingue sous plusieurs rapports. La forme bien plus svelte, la couleur cendrée, les tours assez convexes, la costulation régulière du dernier tour, la lamelle inférieure, quoique enfoncée, bien marquée, l'en séparent. D'abord j'avais cru reconnaître la *C. cinerascens* Küst. (Chemn. 2. Ed. Claus. T. 9, fig. 37), mais la nuque comprimée et non obtuse ne permet pas de rapprochement. En donnant au reste à la coquille de Corfou un nom particulier, je ne veux que désigner un ensemble de caractères bien constants, mais ne prétends point prononcer sur la valeur de ses affinités avec la vraie *senilis*, dont elle pourrait être une variété limite, tout à la fois boréale et insulaire. Cette dernière se trouvant en masse sur plusieurs autres des îles ioniennes; c'est sans doute par une extension abusive qu'on l'a également transportée à Corfou.

25. Clausilia castrensis Parr.

Dans l'intérieur de l'Ile, p. ex. à Coropiscopus, ainsi que vers la côte occidentale, à Ducades et Palaeocastrizza, domine une autre coquille, qui par sa forme, sa grandeur et les caractères de la bouche coïncide avec la précédente, mais qui s'en distingue par quelques caractères en apparence faibles, mais que je n'ai pas vu transiter. Je les ai fait ressortir dans la diagnose suivante:

T. vix rimata, fusiformis, lacteo—alba, sub— laevigata, leviter costulata. Spira subattenuata; apice violaceo—corneo, sutura impressa. Anfractus 10 — 11, convexiusculi, angusti; medii costulis interdum subdeletis, rare corneo maculati; ultimus costulatus, basi subcristatus. Apertura late ovata, parvula, intus flavescens, lamella supera parva, infera immersa distincta; lunella obsoleta; plica palatali unica, supera conspicua; columellari inconspicua. Perist. solutum, continuum, expansiusculum.

Diam. 3; altit. 13 millim.

Diam. vert. apert. 2,5; transv. 2 millim.

Le nom de *castrensis* Parr. a été donné à des exemplaires, où les parties cornées dominent, mais qui appartiennent bien à notre espèce.

26. Cyclostoma elegans Lam.

Grandeur moyenne, coloration marquée. Se trouve partout entre les pierres et sous les broussailles.

27. Pomatias tesselatum Rossm.

Cette espèce, d'une couleur cendrée et fortement costulée, est bien décrite et figurée par M. Rossmaessler, Icon. I. T. 28, N° 404, seulement la spire est en moyenne plus élevée. Elle varie du reste beaucoup en grandeur de 5 à 10^{mm} et ne présente pas souvent des séries de taches jaunâtres bien distinctes. On la trouve partout en abondance, surtout sur les rochers calcaires exposés.

28. Pomatias maculatum Drap.

J'ai trouvé à Coropiscopus, à côté de l'espèce dominante, sous la mousse qui recouvrait des rochers de grès tertiaires, quelques exemplaires d'une petite espèce (de 6^{mm} seulement), qui se distingue par ses tours plus cylindriques, sa pointe un peu acuminée, sa couleur foncée, obscurement maculée. Elle appartient évidemment à l'espèce si connue dans les pays septentrionaux et qu'on a retrouvée jusqu'en Dalmatie (Lesina p. ex.). Corfou serait un point encore plus méridional.

29. Ancylus fluviatilis Müll.

N'ayant pas eu le temps de visiter le petit lac d'eau douce de Scripero, mes observations sur les coquilles lacustres sont très-restreintes et se bornent à 3 petites espèces, trouvées au-dessus de Benizze à l'endroit même où les sources, qu'on conduit à la ville, sortent des rochers calcaires du M^t St. Decca. La première est un petit Ancylus que je ne puis distinguer des jeunes exemplaires de l'espèce du Nord.

30. Paludinella minutissima F. Schmidt.

C'est bien l'espèce la plus petite, ne mesurant guère qu'un millimètre. Le type se trouve dans les sources aux environs de Laibach.

31. Neritina boetica Lam.

Tous les exemplaires sont jeunes, mais ils paraissent s'accorder avec cette espèce, depuis longtemps connue.

II. ILE DE CÉFALONIE.

M. Schläfli et moi avons passé 5 jours en Céfalonie; nous les employâmes en grande partie à explorer la partie montagneuse de l'Ile, qui nous promettait une récolte plus caractéristique que la contrée des collines ou le littoral de la mer. Ainsi notre catalogue n'est un peu complet que pour l'intérieur de l'Ile.

1. Vitrina Draparnaldi Cuv.

Sous les pierres à la montagne du M^te^ Nero se trouve une Vitrine qui, à juger d'après les exemplaires assez défectueux que nous avons trouvés, me paraît appartenir à l'espèce de Cuvier. Cette détermination reste toutefois un peu douteuse.

2. Helix vermiculata Müll.

Aux environs d'Argostoti, dans les plantations. La forme est la typique, le dessin est brun-clair.

3. Helix ambigua Ziegl. var. *borealis* Mss.

C'est tout-à-fait la coquille de Corfou, seulement un peu plus petite et plus calcaire. Personne ne la confondra ni avec l'*H. grisea* Lin., ni avec la *melanostoma* Drap. Elle se trouve fréquemment sous les broussailles et chardons des pentes pierreuses et rocheuses, p. ex. au-dessus de Kraïna et de Drapano.

4. Helix Olivieri Fer. var. *parumcincta* Parr.

En très-grand nombre sur les pentes pierreuses des montagnes, collée aux tiges des plantes ou aux rochers. Le test assez mince, corné-clair, les bandes blanchâtres peu marquées. Il est curieux que sur des centaines de cette espèce nous n'ayons pas rencontré une seule *H. carthusiana* Müll.

Vers le haut du M^te^ Nero, entre 3 et 4000 pieds,

les dimensions diminuent jusqu'à 10^{mm} et moins, et les bandes s'effacent presqu'entièrement: mais c'est bien toujours la même espèce.

5. Helix subzonata Mss.

T. umbilicata, orbiculato-convexa, obscure-cornea, fascia pallidiori dorsali sub altera obscura ornata, striata, granulis minutissimis, obsolete piliferis, late inserta. Spira convexiuscula; sutura impressa. Anfractus 5, regulares. convexiusculi; ultimus pilis defectis, antice paulo descendens. Apertura lunato-rotundata, transverse vix latior, intus grisea, fascia perspicua. Perist. albidum breviter reflexum, subincrassatum; marginibus subapproximatis, basali arcuato. Diam. maj. 23; min. 19; altit. 14 millim.

Rat. apert. 10 : 13. — Rat. anfr. 1 : 2.

Cette belle espèce ne se range sous aucune des nombreuses formes de l'Illyrie et de la Dalmatie et paraît jouer dans les contrées, qui suivent au midi, un rôle important. La grandeur de la coquille, l'ouverture de l'ombilic, la forme de l'ouverture etc. coïncident parfaitement avec l'*H. zonata* Stud. des Alpes Suisses et Piémontaises, avec laquelle il serait facile de la confondre. Cependant en somme notre coquille est un peu plus globuleuse, sa couleur est plus foncée, la bande claire plus visible, le test plus solide, la surface surtout couverte de petites marques, portant à l'état jeune de petits poils crochus, qui se perdent sur les derniers tours ou avec l'âge, presqu'entièrement. L'*H. zonata* n'en a montré jamais la moindre trace.

Nous l'avons rencontrée sous les pierres couvertes de mousses et dans les fentes obscures, surtout dans la région des pins au M^{te} Nero. Sa grandeur varie selon les localités de 20 à 26^{mm}.

6. Helix corcyrensis Partsch. var. *cefalonica* Mss.

T. paulo minor, apertura angustior, falciformis, marginibus callo tenui, ad superi insertionem densiori, junctis.

Malgré la distance géographique, la différence d'avec l'espèce typique de Corfou se borne à peu de chose, à un faible rétrécissement de l'ouverture, dont les deux côtés deviennent presque parallèles, et à une callosité à peine distincte, reliant les deux bords et se condensant supérieurement en une tache blanchâtre.

Cette espèce se trouve fréquemment sous les pierres isolées, reposant sur la terre, aux environs d'Argostoli, aussi bien que dans l'intérieur jusque sur les hauteurs, p. ex. à Frangata et Grisata.

7. Helix lens Fer.

Voilà une des espèces classiques pour la Grèce, qui se trouve à Céfalonie en immense quantité, avec tous les caractères typiques (Rossm., Icon. II. T. 52, N° 450). Bien plus fréquente que la précédente, elle a cependant les mêmes allures et se mêle à elle sous les mêmes pierres, sans le moindre indice de transition. Il est donc prouvé que ces deux espèces sont parfaitement indépendantes et ne sont point liées entre elles par un rapport de substitution géographique.

8. Helix meridionalis Parr.

Sur les pentes pierreuses, qui plongent dans la baie de Lixuri et d'Argostoli, se trouve la même forme que j'ai mentionné pour Corfou, seulement les grands individus sont rares, et les petits dominants. Les uns comme les autres ont une lèvre intérieure; ici, comme dans plusieurs Helicelles, ce caractère n'est plus l'indice du terme de l'accroissement, mais d'un repos dans l'activité du développement, pouvant dépendre de la saison ou de l'activité génératrice de l'animal.

9. Helix instabilis Ziegl.

Cette espèce, très bien représentée par M. Rossmaessler (Icon. II. T. 38, N° 518) et considérée par lui comme variété de l'*H. ericetourm* Linn., provient originairement des plaines arides de la Gallicie et de la frontière militaire. A Céfalonie elle paraît n'occuper que les régions élevées du M^te Nero, où elle se cache dans les petits îlots de gazon ou sous les touffes de genièvres, qui çà et là couvrent le terrain aride. Les plus grands individus sont ordinairement blancs, les jeunes souvent recouverts inférieurement de 3 à 4 lignes brunes.

10. Bulimus acutus Drap.

Comme toujours, dans le voisinage de la mer.

11. Bulimus cefalonicus Mss.

T. rimata, oblongo-conica, irregulariter rugosostriata, albida, striis et maculis impressis corneis interrupta. Spira regularis, apice obtusiusculo. Anfractus 7, convexiusculi; primi rufo-cornei; ultimus ⅓ longitudinis æquans. Apertura lunato-ovalis, intus grisea; columella arcuata. Perist. acutum, vix patulum, intus late albo-labiatum; marginibus callo tenui albido junctis; columellari breviter reflexo, versum dextrum incurvato.

Diam. maj. 6; min. 5; altit. 16 millim.

Rot. apert. 5 : 7. Rot. anfr. 1 : 3.

Ce joli Bulime appartient à la région des sapins, où il se trouve sous les broussailles et parmi les pierres. Je ne puis l'associer à aucune des espèces décrites; mais il se place pour la forme entre le *B. montanus* Drap. et le *B. tener* Ziegl. Il est plus élevé que le premier et moins conique que le second, et diffère des deux par sa surface rudement striée, sans granulations, ni lignes décurrentes, et par ses stries calcaires alternant sur les derniers tours avec des stries et taches corné-foncées. Le bord de l'ouverture n'est que peu évasé, pas réfléchi comme dans le *montanus*, et bordé intérieurement, du moins dans les individus adultes, d'une large mais faible lèvre blanche. La columelle ne tend pas à la ligne droite, et son bord, peu réfléchi sur la perforation, se recourbe un peu vers l'insertion du bord droit.

Ne connaissant le *Bul. græcus* Beck que par la courte diagnose qu'en donne l'auteur (Ind. pag. 12, N° 50), je ne puis la comparer au nôtre; cependant les expressions *glabra*, *tenuis*, *fragilis*, *corneo-rubescens* ne s'y appliquent pas.

12. Chondrus pupa Lin. var. *grandis* Mss.

> *major*, 18 *millim. attingens*, *margine dextro in tertia supera*, *paulo inflexo*, *intus densiori*, *tuberculo parietali transverse elongato.*

J'ai rarement vu des exemplaires plus grands et plus développés de cette espèce, que ceux qui se trouvent en nombre sous les pierres et rocailles, qui couvrent les pentes arides à l'Est des baies d'Argostoli et de Lixuri. Le bord droit est un peu infléchi vers le haut et s'épaissit intérieurement; le tubercule, à côté de son insertion, se prolonge comme bord de la callosité pariétale.

13. Pupa Philippii Cantr. var. *exigua* Mss.

C'est identiquement la même forme que celle de Corfou. Et ici également nous n'avons pu découvrir aucune autre espèce, ni de Chondrus dentifères, ni de Pupas proprement dites, ce qui certainement est un trait caractéristique des îles Ioniennes et probablement des contrées voisines.

14. Azeca integra Mss.

*T. subrimata, cylindraceo-ovata, pallide corneo-fulva,
splendida, pellucida. Spira summo obtuso, sutura
plana, linea albida marginata. Anfractus 7 1/2, plani,
primi convexiusculi; ultimus 1/4 longitudinis vix su-
perans. Apertura parvula, oblique semi circularis;
columella recta, nec truncata, nec denticulata. Perist.
continuum, album, filiforme, brevissime reflexum;
margine dextro æqualiter curvato; columellari plane
emergente, subcalloso; parietali filiformi, sub inser-
tione marginis recti, cum denticulo elongato abrupte
terminato.*

Diam. 2 1/3 ; *altit.* 5 1/2 *millim.*

Rat. apert. 1 : 1. *Rat. anfr.* 1 : 5.

Cette charmante espèce, qui n'est pas fréquente,
a les habitudes de la *Cionella lubrica* et se trouve sous
les pierres, entre les herbes, dans toute l'Ile. Elle se
rapproche de l'*A. pupæformis* Cantr. (*dentiens* Rossm.,
Icon. I, N° 655), mais en diffère essentiellement par
un ensemble marqué de caractères. Elle est plus
petite, bien plus cylindrique; l'ouverture n'est pas allongée, de sorte que le bord droit forme un quart de
cercle régulier; la columelle n'a pas de troncature
dentiforme; le bord columellaire se relève plus fortement, d'où résulte une trace de fente ombilicale, puis
il se continue en une callosité presque détachée, qui
se termine abruptement au-dessous de l'insertion du
bord droit, qu'elle n'atteind pas.

15. Glandina depressa Mss.

Je n'ai rien à ajouter à ce que j'ai dit de cette
espèce à l'endroit de Corfou. Les exemplaires de
Céfalonie sont moins grands, 30ᵐᵐ au plus, mais c'est
la même coquille, fortement enroulée et à dernier tour

aplati latéralement. Elle vit en quantité entre les débris des rochers et les pierres des vieux murs dans toute l'Ile. Nous l'avons recueillie à l'état vivant dans des coins ombragés, jusqu'aprés 10 heures du matin.

16. Clausilia papillaris Drap.

Elle n'est pas fréquente, mais conforme au type.

17. Clausilia contaminata Ziegl.

Cette belle espèce, une des plus considérables du genre, est fort bien figurée dans la sec. Edit. de Chemn. Clausil. T. 9, fig. 20 — 22. On l'indique de la Dalmatie (Küster) et de Corfou (Rossmaessler), où malgré bien des recherches je n'ai pu la découvrir, ce qui me fait penser que, comme pour la *Cl. senilis*, l'on a appliquée à la principale des îles ioniennes, ce qui n'est vrai que pour quelques-unes des autres îles. A Céfalonie cette espèce pullule, à proprement parler, sur tous les rochers de l'intérieur de l'Ile et s'élève jusqu'à la sommité du M^te Nero, passé 4000 pieds, en diminuant un peu en grandeur. La forme épaisse et lourde, la couleur plombée, le bord extrêmement épais, la lamelle supérieure rudimentaire, l'inférieur également presque insensible, le pli supérieur seul visible, la caractérisent aisément. Les autres caractères, qu'indiquent les diagnoses, ne sont pas aussi persistants et permettent de former deux variétés.

18. Clausilia contaminata var. *lactea* Ziegl.

alba, apertura trapezoidali, coarctata, perist. ras-sissimo, reflexo.

Cette forme, qui cependant tient à la forme typique par des passages insensibles, est la vraie *C. lactea* Z., que M. Rossmaessler indique également de Corfou et ne figure (Icon. II. T. 48, N° 616) qu'à l'état peu développé. Bien adulte, elle a un péristome

encore plus épais et plus retroussé que la forme typique, lequel souvent rétrécit singulièrement l'ouverture. Nous l'avons rencontrée sur la route de Samos.

19. **Clausilia contaminata** Z. var. *soluta* Mss.

> *gracilior, tenue striolata, apertura ovalis, perist.*
> *minus incrassato, continuo, subsoluto.*

Nous avons rencontré cette forme, qui est un
développement plus modéré du type, sur le haut de
la crête qui aboutit au M^te Nero. Elle se rapproche
à quelques égards de la *C. hellenica* Küst., que je ne
connais toutefois que par la description et par la figure de
l'auteur (Chemn. 2. Ed. p. 88. T. 9, fig. 41 — 44),
cependant la défectuosité des lamelles et l'absence
d'un plis columellaire visible l'en distinguent.

20. Clausilia senilis Ziegl.

De même que de la *C. contaminata*, Céfalonie est la
patrie classique de la *C. senilis* Ziegl., seulement l'une occupe tout l'intérieur, tandis que l'autre se borne au bas-
pays et à toutes les pentes qui regardent la mer. La
vraie *senilis*, parfaitement rendue par M. Rossmaessler,
Icon. I. T. 18, N° 248, 249, se trouve collée par milliers
aux rochers ou aux pierres des pentes arides, tournées
vers la baie de Lixuri. Les plus grands exemplaires
ont 18^mm de longueur sur 5 d'épaisseur. Le dernier
tour au côté dorsal présente des costulations distantes
et irrégulières, mais qui se régularisent en se rapprochant du bord de l'ouverture. — Aux environs d'Argostoli la grandeur se réduit en moyenne à 12 à 14^mm;
en même temps la forme est moins ventrue et le dernier tour moins irrégulièrement costulé. Cependant
on observe tant de passages de l'une des formes à
l'autre, et cela en un même lieu, qu'il n'est pas permis
de les séparer comme variétés. Mais il est important de

remarquer, que même les individus les plus faibles et les plus grêles ne prennent pas le caractère de l'espèce corfiote, que nous avons nommée *C. corcyrensis*.

21. Clausilia castrensis Parr.

Parcontre il y a identité presque parfaite entre les exemplaires de cette espèce provenant de Céfalonie et ceux de Corfou. Les premiers sont en moyenne une idée plus grands, la costulation est un peu moins accusée, quoique toujours sensible, la surface plus brillante, la couleur rouge-cornée restreinte à la pointe — ces différences sont si minimes, qu'elles ne suffisent guère à constituer une bonne variété.

22. Cyclostoma elegans Lam.

Assez grand, mais parfaitement conforme au type.

23. Pomatias tesselatum Rossm. var. *grisea* Mss.

> *T. paulo minor*, *obscure grisea*, *costulis tenuibus confertis*, *perist. minus expanso.*

Cette forme joue dans toute l'Ile de Céfalonie le même rôle et a les mêmes allures que le vrai *tesselatum* à Corfou. Malgré la couleur moins cendrée et le moindre développement des costules et du péristome il n'y a, ce me semble, pas de motifs suffisants pour en former deux espèces; certains individus même coïncident presqu'entièrement.

24. Pomatias maculatum Drap.

Nous retrouvons cette espèce comme à Corfou, à Céfalonie; elle est bien caractérisée, mais extrêmement rare.

III. LE LITTORAL DE L'EPIRE.

M. Schläfli a traversé le versant littoral de l'Epire sur deux lignes différentes, d'abord en coupant de

Ianina droit à l'Ouest sur Sayades, vis-à-vis de Corfou, à travers diverses chaînes calcaires qui courent dans la direction de la côte, — puis en revenant de Prévésa à Ianina par le chemin bien plus facile que suit le courrier et qui forme la seule communication fréquentée et régulière avec l'intérieur de l'Epire. Nous réunissons les objets qui proviennent de ces deux routes, puisqu'ils se complètent en quelque sorte, en se rapportant les uns à un terrain aride et sauvage, les autres à un sol plus ou moins fertile et couvert de végétation.

Chacune de ces deux routes a fourni deux stations, où M. Schläfli s'est arrêté, Szisa et Sayades d'un côté, Prevesa et Beschpunar (Penta pigadia) de l'autre. Nous excluons cependant la première localité comme faisant plutôt partie du plateau intérieur de l'Epire que de son versant littoral. Sayades et Prevesa sont situés sur le bord même de la mer; Pentapigadia parcontre est placé presqu'au sommet du versant qui descend vers le golfe d'Arta, près du point culminant de la route qui mène de cette dernière ville à Ianina, à une hauteur de 8—900 mêtres. —

1. Zonites hydatinus Rossm.

Recueillie d'abord à Corfou et décrite par M. Rossmaessler (Icon. 1, N° 259, — Bourg. Amén. malac. 1, T. 20, f. 4—6), cette charmante espèce, blanche et brillante, a depuis été retrouvée sur plusieurs points, en Sicile (Schwerzenbach), à Naples (Philippi), en Dalmatie (Parreiss), à Athènes (de Saulcy), à Smirne (Roth). Elle ne paraît pas s'avancer plus au Nord et se présente ainsi comme une forme particulière au sud-est de l'Europe et à la partie de l'Asie-Mineure la plus voisine.

Le seul exemplaire ramassé par M. Schläfli à Prevesa est tout-à-fait typique.

2. Helix aspersa Müll.

Sayades et Prevesa. En ce dernier lieu la plupart des individus, tant fasciés qu'uniformes, ont une tendance à se modifier. Le sommet s'élève en cône, le dernier tour s'abaisse plus qu'ordinairement, l'ouverture devient plus horizontale et s'étend dans un sens oblique. On trouve néanmoins dans le nombre également des échantillons typiques, ce qui prouve que le changement n'est encore qu'individuel et ne s'élève point au degré qui constitue la bonne variété.

3. Helix ambigua Parr.

L'espèce de Corfou et de Céfalonie se retrouve avec toutes ses particularités sur toute la côte de l'Epire, tant à Sayades qu'à Prevesa.

4. Helix carthusiana Müll.

A Sayades, vis-à-vis de Corfou on a la forme typique, à Prevesa domine parcontre exclusivement la variété que M. Parreiss nomme:

Var. claustralis, — paulo gracilior, pellucida, vix albida, apertura transverse subrotundata.

L'ouverture n'est cependant jamais aussi arrondie que dans l'*H. Olivieri* Fer. et la *cantiana* Mont (*carthusiana* Drap), dont elle se distingue en outre par une forme moins renflée et une simple perforation.

5. Helix Olivieri Fer.

De Sayades. Identique avec les échantillons de Corfou. Elle se mêle à la précédente, sans jamais se confondre avec elle.

6. Helix frequens Mss.

T. depresso convexa, anguste perforata, solidiuscula, striata, subpellucida, saturate cornea, nitida. Spira

vix obtusata, regularis. Anfract. 6, regulares, con-
vexiusculi, ultimus vix descendens, rotundatus, unico-
lor. Apertura rotundato-lunaris, interdum oblique
latior, intus pallide cornea. Perist. rectum, albola-
biatum, margine columellari subito breviter reflexo,
perforationem semitegente.

Diam. maj. 7. — Min. 6 millim.

Rat. apert. 13 : 12. — Rat. 1 : 3.

Vivant à Prevesa avec l'*H. carthusiana var. clau-*
stralis, cette espèce me paraît en différer. La forme
est plus élevée et plus régulièrement enroulée, la couleur cornée plus foncée, le peristome fortement labié
se colore à peine sur le bord, la perforation est
presque cachée par le retour subit du bord columellaire.
Le martelage superficiel, qu'on découvre même sans
grossissement dans la *carthusiana*, s'efface presqu'entièrement à côté des stries d'accroissement de la surface luisante.

J'ai reçu cette même forme de M. Friwaldsky du
Balkan sous le nom de *H. tecta* Ziegl., lequel, comme
on sait, revient à une autre espèce voisine de l'*H.
incarnata* M. Sans doute les Malacologues autrichiens
l'ont-ils souvent eue sous la main, mais comme ils
négligent d'appuyer leur nomenclature de diagnoses
suffisantes, il ne m'a pas été possible de la déterminer.
Les espèces dont l'*H. frequens* se rapproche le plus
au point qu'il est aisé de les confondre, sont: 1) L'*H.
consona* Rssm. de la Sicile (Icon. II, N° 572, 573) à
laquelle il convient de joindre les *H. convexa Arad.* et
Aenensis Ben. M. Bourguignat cite l'*H. consona* parmi
les coquilles d'Athènes (Catal. p. 23), d'autre part parmi
celles de Constantinople (Amen. malac. 1. p. 112);
mais je doute de la justesse de cette détermination.

2) L'*H. gilvina* Ziegl. considérée par M. Pfeiffer (Icon. I, p. 133) comme simple variété de l'*H. carthusiana* Müll. Mes exemplaires proviennent également de la Sicile. 3) L'*H. transmutata* Parr., jointe à l'*H. cantiana* Mont. par M. Pfeiffer (Icon. III, p. 118), provenant de l'Asie-Mineure. Je crois posséder ces trois espèces de sources bien authentiques et leur trouve un caractère commun, qui suffit pour les distinguer de notre espèce. Examinées au moyen d'une forte loupe, elles présentent sur les premiers tours de petits points distants, probablement pilifères dans le jeune âge, qui s'étendent plus ou moins en avant vers les derniers tours et ternissent le brillant de la surface; dans notre espèce parcontre le poli reste intact jusqu'au sommet. — L'*H. solitudinis* Bourg (Catal. p. 23, T. 1, f. 20—22) paraît également voisine, mais elle est plus grande, a des tours moins arrondis, une ouverture plus transverse, une perforation plus large et moins recouverte. Il ne serait cependant pas impossible que toutes deux appartinssent à la même espèce, ce que des observations ultérieures devront décider. Si l'*H. frequens*, destituée de caractères bien frappants, ne s'était présentée que comme forme locale, j'aurais hésité à lui donner un nom; mais en la voyant se répandre à travers toute la Turquie et au-delà, s'associer partout avec l'*H. carthusiana*, sans y passer, il m'a paru convenable d'en fixer les caractères et d'en faire ressortir la valeur géographique.

7. Helix corcyrensis Partsch.

A Pentapigadia on remontre l'*H. corcyrensis* parfaitement identique avec l'espèce de Corfou, surtout à l'égard de l'absence de toute carène, ce qui est d'autant plus frappant, que plus loin dans l'Epire la forme typique disparaît.

8. Helix corcyrensis Partsch. *var. octogyrata* Mss.
T. major (diam. 14 — altit. 6 m.), supra convexius-
cula, summo plano, anfract. 7 1/2 — 8, ultimo rotundato.

Elle diffère donc de la forme typique de Corfou en ce qu'elle est plus grande, un peu moins plate en dessus, pourvue d'un tour de plus; les tours, comme la bouche, sont encore plus arrondis, la surface, à l'état frais, porte également des traces de poils entre les stries costulées de la spire. Cette forme domine aux environs de Prevesa, peut-être coincide-t-elle avec la var. 8, citée par M. Pfeiffer comme provenant de l'île de Lesina.

9. Helix corcyrensis var. *canalifera Anton.*

La forme précédente n'occupe point le littoral vers le Nord. A Sayades apparaît une autre variété, importante à cause de sa grande dispersion, dans laquelle on ne peut méconnaître la vraie *H. canalifera* Anton (Verz. p. 39 et Pfr. Mon. 1. pag. 415). Elle se distingue du type par une spire assez élevée, des tours plus anguleux, sinon faiblement carènés, s'abaissant latéralement un peu en plan incliné, par une ouverture plus étroite, retressie encore par la labiation du bord, lequel est fortement réfléchi et accompagné à l'extérieur d'une rigole — ainsi par un ensemble de caractères bien saisissables. Pourtant nous ne pouvons lui accorder, comme l'ont fait la plus part des auteurs, le titre d'espèce. D'un côté elle se lie intimement à la petite forme, nommée *H. girva* par M. Friwaldsky et *ambliostoma* par M. Parreiss, qui présente les mêmes différences portées seulement à un degré plus exagéré; de l'autre, nous parlerons des

localités où les *H. corcyrensis* et *canalifera* se mêlent
par tous les passages intermédiaires, ce qui est le
caractère des simples variétés. La relation des *H.
corcyrensis* et *lens* Fer à Céfalonie était bien differente.

Outre les noms, que je viens de mentionner, on en
cite encore deux, qui se rapportent au même groupe
d'Helices et à la même partie de l'Europe, l'*H. lentiformis* Zglr. et l'*H. barbata* Fer. La première avoisine
l'*H. lens*, seulement elle est un peu plus petite, un
peu moins déprimée et a sa carène un peu moins
tranchante; je crois qu'elle passe insensiblement à la
vraie *lens* et je la considère provisoirement comme
variété de cette dernière. La seconde a beaucoup em-
barrassé les Malacologues, par le motif que M. Ferussac
(Tab. 66, f. 3 et 4) a évidemment réuni sous ce nom
deux espèces fort différentes. La fig. 4 est largement
ombiliquée et on l'a tantôt attribuée à l'*H. lens* elle-même
(Desh. Expéd. d. la Mor. p. 162), tantôt à l'*H. hispidula*
Lam. de Ténériffe; la figure 3 est restée problématique.
En l'examinant avec attention on reconnaîtra aisément
qu'elle se distingue de toutes les autres par le pro-
longement insolite du bord basal de l'ouverture jusqu'en
avant de l'ombilic, lequel en est en partie recouvert.
Ce caractère se présente d'une manière très frappante
dans une espèce non carènée et assez velue, que j'ai
reçue de deux côtés différents, de M. Parreiss avec
la vague étiquette „Grèce", puis de M. Schwerzenbach, qui l'a trouvée aux monts Spaxiattes dans l'île
de Candie. C'est à cette espèce que je crois devoir
appliquer le nom de M. Ferussac. Ainsi le groupe
méditerranéen de l'*H. corcyrensis* se composera dans
ma collection des membres suivants:

1) *H. corcyrensis* Partsch.
   a. *typica.* — Corcyre. Epire (Schläfli).
   b. *var. cefalonica* Mss. — Céphalonie (Schläfli).
   c. *var. octogyrata* Mss. — Prévésa (Schläfli).
   d. *var. canalifera* Anton. — Epire (Schläfli), Rumélie (Schläfli), Budua (Küster), Balkan (Friwaldsky).
   e. *var. girva* Friw. — Albanie (Schläfli), Balkan (Friwaldsky).
2) *H. gyria* Roth. — Cacamo en Carie.
3) *H. barbata* Fer. — Grèce? (Parreiss) Candie (Schwerzenbach).
4) *H. Tarnieri* Morelet. — Tanger (Morelet).
5) *H. lens* Fer.
   a. *typica* — Morée (Büchi, Hohenacker, Roth), Céphalonie (Schläfli).
   b. *lentiformis* Zglr. — Thessalie et Attique (Büchi, Bellardi, Parreiss, Schwerzenbach).
6) *H. lenticularis* Morelet. — Maroc (Morelet).

10. Helix subzonata Mss.

L'espèce du Monte-nero, au premier abord si voisine de l'*Helix zonata* Stud., se retrouve à Penta-pigadia entre les rochers. Dans les exemplaires, ramassés à l'état mort et dénués d'épiderme, il n'est plus possible de reconnaître l'existence des poils, et l'analogie avec l'espèce alpine devient, à la moindre convexité près, presque complète.

11. Helix pisana Müll.

A Prévésa. Un peu globuleuse, sans particularités.

12. Helix variegata Friw.

Nous employons ce nom, sans vouloir nous prononcer sur l'indépendance de cette forme, qui peut-être devra rentrer dans le cercle des nombreuses variétés

de l'*H. striata* Drap (non Müller) ou *profuga* A. Schm.
Elle se distingue du type de cette espèce par une
spire plus conique, formée de tours moins convexes
et à suture peu enfoncée, par l'affaiblissement des stries
qui disparaisent presque dans les individus blancs et
calcaires, enfin par la coloration, où dominent, sur
un fond blanc et non grisâtre, des taches variées et
rayonnées à côté des bandes décurrantes. Le terrain
de l'*H. variegata* commence à Prévésa et Sayades et
se continue, comme on le verra, vers l'intérieur de
l'Epire, loin de la mer.

13. Helix apicina Lam.

Prévésa. Encore une localité de cette petite
espèce bien caractéristique.

14. Helix conica Drap.

Egalement de Prévésa. C'est tout-à-fait la forme
typique (Rossm. Icon. I, p. 341) à carène bien marquée
et à perforation ponctiforme.

15. Bulimus acutus Müll.

Prévésa. La forme ordinaire, variant, comme
on sait, très peu.

16. Chondrus pupa Brg.

Prévésa. Grandeur et forme moyenne. A Sayades
elle est plus forte; le tubercule et l'épaississement de
la lèvre sont développés.

17. Glandina compressa Mss.

Elle s'est trouvée aux deux endroits, identique
avec l'espèce de Corfou, à laquelle nous pouvons nous
référer.

18. Glandina dilatata Zglr.

Sayades. La grande différence de cette espèce
et de la précédente, malgré leur association en un

même lieu, est peut-être encore plus frappante qu'à Corfou. Toutes deux atteignent de grandes dimensions.

19. Clausilia papillaris Drap.

Elle est très fréquente à Prévésa, un peu moins à Pentapigadia, mais ne présente nulle particularité.

20. Clausilia stigmatica Zglr.

Mêmes lieux. Elle ne diffère des échantillons corfiotes que par une surface moins polie, un peu striée, et une coloration un peu plus foncée.

21. Clausilia senilis Zglr. var. *epirotica* Mss.

T. griseo-alba, concolor, anfractibus convexiusculis.

De Pentapigadia. Les différences d'avec les formes moyennes de Céphalonie sont très faibles et se réduisent à une couleur un peu plus grisâtre et uniforme, et à des tours faiblement convexes.

22. Clausilia inconstans Mss.

T. rimata, subventroso-fusiformis, costulata, non nitens, griseo-alba, concolor. Spira sensim attenuata apice pallide-cornea; sutura subimpressa. Anfract. 11. planiusculi; ultimus irregulariter rugosus, basi rugoso-cristatus, latere compressus, antice per marginem ruga producta incrassatus. Apertura parvula, rotundato-pyriformis, alba, callo labiali coarctata; lamella supera parvula, infera remota, invalida; plica lunata defecta, palatali unica supera. Perist. solutum, continuum, acutum, vix expansum, intus crasso-labiatum.

Diam. 3,6. — Altit. 15 mm.

Diam. vert. apert. 3,2. — transv. 2,6 mm.

Au premier abord on croit avoir une variété fortement costulée de la *C. senilis* Zglr. sous les yeux. La forme générale et la nature des plis et des lamelles diffèrent à peine. Ce qui la distingue, c'est la forme de la nuque qui est plus marquée et comprimée et dont part latéralement, — à un moindre degré cependant que dans les *C. strangulata* Fer. et *Zelebori* Rossm. (Icon. III, N° 858, 859), — une forte ride, qui s'élève le long du bord de l'ouverture sur le côté assez comprimé du dernier tour. Cette ride est très inégale, tantôt très forte et relevée, tantôt reduite à un renflement de quelques costules. L'ouverture a ses bords plutôt évasés que réfléchis et se retressit fortement par l'effet d'une forte callosité labiale, qui répond à l'étranglement extérieur qui précède la ride.

Je sépare cette forme remarquable, trouvée entre les rochers de Sayades et qui rappelle certaines espèces de la Syrie, de la *C. senilis*, parce qu'on n'a pas d'exemple qu'une espèce parfaitement régulière puisse se modifier à ce point; mais elle se place à côté d'elle dans le groupe à test calcaire et à lamelles peu développées qui domine en Grèce.

23. Clausilia conspersa Parr.

Un seul exemplaire de Pentapigadia. Il présente les faibles différences de la forme typique indiquées pour les échantillons de Corfou.

24. Cyclostoma elegans Lam.

Tant à Sayades, qu'à Prévésa et Pentapigadia. La forme typique.

25. Pomatias maculatum Drap.

Pentapigadia. Les taches sont peu visibles et la couleur grisâtre; néanmoins je ne saurais placer autrepart cette petite espèce.

En resumé la faune littorale de l'Epire se compose d'éléments assez divers: 1) d'espèces répandues dans tout le midi de l'Europe (*Hel. aspersa* et *carthu-siana, Cycl. elegans*); 2) d'espèces qui occupent presque tout le pourtour de la Méditerranée *Hel. pisana, apicina, conica, Bulim. acutus, Chondrus pupa; Claus. papillaris*; 3) d'espèces qui appartiennent à l'Orient en particulier et surtout aux contrées ioniennes *Zon. hydatinus, Hel. ambigua, corcyrensis, Olivieri, Glandina dilatata* et *compressa, Claus. stigmatica*; 4) d'espèces qu'on peut regarder comme l'avant-garde de l'intérieur de l'Epire et de l'Albanie (*Hel. frequens, canalifera, variegata*; enfin 5) il y a l'*Hel. octogyrata* et la *Claus. inconstans* qui se présentent jusqu'ici comme des formes locales.

IV. L'INTÉRIEUR DE L'EPIRE.

Au centre du plateau qui forme l'intérieur de l'Epire se trouve le bassin, qu'occupent le lac et la ville de Ianina. Un séjour de deux ans dans cette ville a permis à M. Schläfli de parcourir la contrée dans tous les sens et de réunir une série d'objets que nous osons considérer comme une faune malacologique assez complète de ce point. Nous ajoutons à ce catalogue spécial les objets recueillis sur quelques autres points, faisant toujours partie de l'intérieur des terres et du versant occidental des hautes chaînes, qui séparent l'Albanie de la Macédoine. Ces points sont: 1) Sziza, sur la route qui mène à travers les montagnes à Sayades. 2) Leskowik (Liaskowiki) 13 lieues de chemin au Nord de Ianina, et 3) Gördsche (Goritza) 16 lieues de Leskowik sur le chemin de Monastir.

1. Vitrina pellucida Müll.

Je ne puis trouver de différence entre la coquille de Ianina et les échantillons de l'Allemagne. Grâce à sa faculté de se cacher pendant la chaleur et le froid et de ne paraître au jour que par un temps frais et humides, cette petite espèce s'est répandue à travers presque toute l'Europe. Si elle n'est pas plus souvent mentionnée, cela tient à la difficulté de tomber sur le bon moment et le bon endroit.

2. Zonites glaber Stud.

Cette coquille, recueillie à Ianina, à Leskowik et, en nombre, sur le sol humide près de la cascade de Calamo à Sziza, diffère un peu de l'espèce qui habite la Savoie, la Suisse et la Lombardie alpine (Rossm. Icon. II, N° 528). La grandeur, la perforation, la surface très brillante, la vapeur lactée au centre de la base, sont assez semblables; les tours parcontre sont sensiblement plus arrondis, le sommet plus abaissé, la base plus convexe. Je la désigne avec M. Parreiss par le nom

»*var. nitidissimus* Parr. — *summo depressiusculo,* „*anfractibus subrodundatis, subtus convexioribus.*«

On cite le *Z. glaber* de la Hongrie (Strobel), de la Transylvanie (Bielz), de la Carniole (F. Schmidt), de la Dalmatie (Parreiss?), ce qui prouve la grande extension de son domaine vers l'Orient de l'Europe et ce qui sans doute s'explique par les habitudes retirées, sous lesquelles vivent plusieurs Hyalines et qui les préservent des influences climatériques. Ce fait est encore plus frappant pour le *Z. cellarius,* qui se distingue du *glaber* par sa forme plus aplatie et son ombilic plus large.

3. Zonites croaticus Partsch. *var. transiens* Mss.

paulo minor, depressior, fascia cornea destituta, subtus convexior, cornea; radiis latis albidis ornata.

La surface strio-costulée dans un sens et finement striée dans l'autre, la carène blanchâtre peu accusée, l'élévation de la spire, etc.; en somme, la plupart des caractères correspondent à l'espèce de M. Partsch, telle qu'elle est décrite et figurée par M. Rossmaessler (Icon. I, N° 151). Notre variété est pourtant un peu moins grande, de 22 à 24^mm^ seulement, un peu moins élevée, dépourvue de la zône cornée qui longe la carène. La matière calcaire, au lieu d'envahir, comme dans l'espèce typique, presque toute la base d'une teinte blanchâtre, se réduit à quelques larges rayons, ou bien disparaît entièrement pour faire place à une couleur cornée uniforme.

Entre l'Epire, où cette coquille s'est trouvée sur les rochers humides à Sziza et la patrie de la vraie *croatica* se rencontre dans le Montenegro la variété que M. Parreiss envoie comme *Z. pudiosus* Zglr. Récemment M. Ad. Schmidt (Pfr. Mon. IV, p. 119) a détaché de l'espèce, telle que l'avait conçue M. Rossmaessler, une forme plus petite, plus déprimée, plus fortement carènée, habitant la Carniole, qu'il a nommée *Zonites carniolicus*. Des recherches plus complètes sur les rapports géographiques de ces diverses formes, soit entr'elles, soit avec les espèces voisines (les *Z. albanicus* et *compressus* Zglr, le *Z. acies* Partsch, etc., Rossm. I, N° 148—152), dont chacune développe en outre ses propres variétés, seraient d'un grand intérêt; car on ignore pour plusieurs de ces formes si l'on ose les considérer comme de bonnes espèces, capable de coexister en un même lieu sans se mêler, ou s'il y a substitution et exclusion, ce qui laisse indécise la question de l'espèce ou de la variété.

4. Zonites hydatinus Rossm.

Elle s'est trouvée sous les pierres près du chateau de Ianina.

5. Helix Schläflii Mss.

T. obtecte-perforata, ventroso-globosa, irregulariter rugoso-striata, lineis impressis interruptis seu continuis decussata, luteo-albida, fasciis quinque, interdum junctis vel deficientibus, fusco-griseis ornata. Spira depresso-conoidea; summo albo, nitido, crassiusculo; sutura subirregulari. Anfract. 4½, convexiusculi, rapide accrescentes; medii spiraliter lineati; ultimus ventrosus, vix subdescendens. Apertura ampla, oblique lunato-rodundata, intus griseo-alba, fasciis perspicuis, ad marginem insertionis et in aperturæ pariete fusco-grisea. Perist. intus late sublabiatum, marginibus remotis; dextro simplice, columellari subobliquo, late reflexo, perforationem fere occultante, fusco-griseo.

Diam. maj. 50; min. 38; attit. 47 min.

Rat. anfr. 1 : 2. — Rat. 11 : 9.

Cette espèce, trouvée en grandes dimensions à Ianina et un peu plus petite à Sziza, appartient au groupe de l'*H. pomatia* Linn., mais ne s'accorde ni avec l'espèce typique, ni avec l'*H. ligata* auct. (Rossm. N° 289), ni entièrement avec l'*H. Buchi* Dub. (Pfr. Mon. III, p. 181 et Chemn. Ed. II, T. 148, f. 6, 7), provenant de la Transcaucasie russe. Elle est moins élevée, transversalement plus renflée que la première, ce qui la rapproche le plus de la troisième; sa perforation est presqu'entièrement recouverte par le bord columellaire, comme dans l'*H.*

Buchi et plus que dans l'*H. pomatia*; la calumelle n'est pas grèle, enfoncée et excavée comme dans l'*H. ligata*, mais, ainsi que la paroi aperturale, colorée de la même manière en brun, — caractère qui manque à l'espèce caucasienne; l'ouverture est plus transversale que dans les *pomatia* et *ligata*, pas autant que dans la *Buchi* et l'*H. lucorum* Müll.; la surface est assez rude, irrégulièrement striée et croisée par des impressions et lignes spirales très interrompues, visibles surtout sur les tours moyens, caractère qui dans les autres espèces n'est pas aussi marqué; le nucleus enfin est blanc et un peu renflé ou informe. En définitive il faudra placer cette forme, que nous isolons, faute de savoir la caser autre part, entre les trois espèces, que je viens de nommer, toutefois en la rapprochant le plus de l'*H. Buchi*. Elle diffère essentiellement de l'*H. ambigua* Parr. du littoral, ainsi que de l'espèce suivante.

Pendant les longs jeûnes de l'Eglise grecque, au printemps, il est fait à Ianina une grande consommation de l'*H. Schläflii*, qu'on apporte en masse des villages du voisinage. On la nomme dans le dialecte épirotique *Saliangos*, mot qui signifie en général „escargot", mais qui s'emploie surtout pour désigner l'espèce présente.

6. Helix lucorum Lin.

J'admets pour cette espèce l'interprêtation qu'en a donné M. Rossmaessler (Icon. I, N° 291) en l'identifiant avec l'*H. mutata* Lam. (Anim. s. vest. ed. Dh. p. 30). Dans l'Epire elle paraît manquer, mais vers l'Albanie, proprement dite, M. Schläfli l'a rencontrée à Gördsche, avec tous ses caractères bien connus, sa coquille en même temps globuleuse et transverse, sa couleur brune, avec deux bandes blanches l'une le long de la suture, l'autre au pourtour de la coquille, son ouverture un peu déprimée, à calumelle rectiligne et fortement colorée, etc.

7. Helix subzonata Mss.

On rencontre cette espèce, probablement la seule Campylée, en quantité, sur le sol rocheux de tout l'Epire, p. ex. à Ianina et à Sziza. Les caractères qui la séparent de la *H. zonata* des alpes, savoir la forme moins convexe et la présence des poils ou de leurs marques, qui à la vérité disparaissent dans les exemplaires pelés et usés, persistent avec constance. Je ne doute pas que l'espèce de Corinthe, que **M.** Bourguignat détermine comme var. de l'*H. zonata* Stud. (Cat. p. 20) soit la même espèce, malgré l'absence de la bande et des points pilifères, qui dans l'exemple unique rapporté par M. de Saulcy paraissent avoir disparus. A la vérité je ne sais comment comprendre la phrase „margine columellari in umbilico immerso“, si du moins l'échantillon étoit adulte.

8. Helix corcyrensis Partsch. *var. canalifera* Ant. et *girva* Friw.

A Ianina on rencontre la même forme comme à Sayades, souvent munie d'une callosité qui rejoint les deux bords; mais elle se mêle à d'autres échantillons, dont l'ouverture se rétressit par l'épaississement de la labiation et qui se rapprochent entièrement de la var. *girva* Friw., que nous avons déjà citée. L'angle de la carène répond à la forme de l'ouverture et devient plus marqué quand celle-ci se rétressit. La fusion des deux formes par tous les passages intermédiaires est ici manifeste.

Plus au Nord la var. *girva* paraît exclusivement dominer.

9. Helix pulchella Müll.

Entièrement lisse ou légèrement striée ; du reste parfaitement typique. A Ianina, comme partout ailleurs, elle se cache dans la mousse sous les pierres.

10. Helix carthusiana Müll. (non Drap.).

A Ianina, à Sziza, à Leskowik : partout en quantité et de grandeur moyenne ou petite.

11. Helix frequens Mss.

De Leskowik quelques échantillons isolés.

12. Helix sericea Drap.

De Ianina M. Schläfli a envoyé une petite espèce, cornéo-claire ou rose-cornée, mince, perforée ; toute la surface est couverte non de poils visibles, mais de petits points assez serrés qui trahissent l'existence ou les conditions d'existence de production piliformes. Je ne puis y reconnaître qu'une des nombreuses variétés de l'*H. sericea*, difficile à bien diagnoser

> var. *epirotica* Mss. — *pallide vel roseo-carnea, pellucida, tenuis, epidermide fugace, punctis confertis minutis, non pilosis, ornata.*

13. Helix variegata Friw.

Cette espèce, que nous avons dejà mentionnée pour le littoral, pullule aux environs de Ianina, tantôt de couleur blanche, tantôt agréablement ornée de bandes interrompues sur des lignes rayonnantes. M. Bourguignat dans ses deux catalogues de coquilles orientales (Amén. I, p. 120 et Catal. p. 29) indique comme très répandue en Grèce, aux environs de Constantinople et de Varna l'*H. maritima* Drap. Ne serait-ce pas l'espèce de M. Friwaldsky, qu'il a eu en vue ? A la vérité celle-ci diffère de la *maritima* par sa grandeur, par le peu de convexité de ses tours à l'endroit de la spire, par la nature de la coloration, du moins en la comparant à la forme typiqne du Midi de la France; parcontre elle se rapproche beaucoup de certaines formes de l'Algérie, de Bona p. ex., que les malacologues français subordonnent comme variété à l'*H. maritima*.

14. Helix ericetorum Müll.

Les pentes arides et exposées aux environs de Ianina et de Sziza sont peuplées par une coquille surbaissée à tours assez cylindriques, très largement ombiliquée, ordinairement inégalement blanche ou fasciée en dessous de 5 à 6 bandes brunes interrompues. On ne peut la ranger que sous l'espèce de Müller, dont elle diffère cependant à quelques égards.

> var. *vulgarissima* Schfl. — *T. tota alba, nebulosa vel infra interrupte fusco-fasciata, anfractibus irregulariter teretibus; ultima lente descendente Diam.* **17**, *altit.* **9** *mm.*

L'espèce bien connue de Müller est au contraire très régulièrement enroulée, non descendante et ornée de lignes entières d'un gris violet. Probablement que l'un des noms *trochlearis, obvia, derbentina* Andrz. (Pfr. Mon. I, p. 163) s'applique à notre variété, mais faute d'échantillons authentiques j'emploie celui que M. Schläfli a proposé. Les *jeunes* exemplaires recueillis à Sziza, fasciés en dessous, et à tours un peu aplatis en dessus, ressemblent à l'*H. obvia* Hartm. (Gaster. I, p. 148, T. 45 et Pfr. Mon. I, p. 162), car c'est surtout le dernier tour qui détermine la largeur de l'ombilic. A Leskowik la couleur lactée, accompagnée d'un certain poli, rappelle l'*H. candicans* Zglr. (Pfr. Icon. I, p.   ) de la Lombardie; l'ombilic toutefois est plus large et l'accroissement des tours plus lent. La Turquie, les provinces du Danube, la Russie méridionale présentent au reste une grande variété de formes, oscillant entre les espèces que nous venons de citer, et qui embarrassent beaucoup le collecteur. Il faut ou les réunir sous un même type, remarquable par sa grande variabilité, ou bien avouer avec franchise que les caractères du test ne suffisent plus dans ce cas à décider de l'espèce.

15. Bulimus detritus Müll. var. *tumidus* Parr.

M. Schläfli ne l'a envoyé ni de Ianina, ni de Sziza; mais bien des deux autres localités plus au nord, Leskowik et Gördsche. Dans toutes les deux ce n'est pas la forme typique de la France et de l'Allemagne, mais bien la variété plus ramassée et glandiforme, qui en plus grandes dimensions se trouve dans l'Asie-Mineure et a été nommée *B. tumidus* par M. Parreiss. Comme le type, elle est tantôt blanche, tantôt flammulée en brun.

16. Chondrus pupa Lin.

Malgré l'éloignement de la côte on rencontre cette espèce en quantité aux environs de Ianina. Elle est parfaitement typique, quoique plus petite que sur les îles ioniennes.

17. Glandina compressa Mss.

Entre les rochers à Ianina. Les individus adultes sont assez rares et n'atteignent pas la grandeur de ceux de Corfou.

18. Glandina dilatata Zglr.

Sziza est le dernier point où M. Schläfli a rencontré cette grande et belle espèce.

19. Succinea angusta F. Schm.

Cette espèce trouvée au bord du lac de Ianina, est plus enroulée que la *S. Pfeifferi* Rssm. (Icon. I, N° 46), la spire ne formant que la sixième partie du dernier tour. M. F. Schmidt proposa ce nom pour des exemplaires de l'Istrie, avec lesquels ceux de Ianina coïncident parfaitement. J'ai reçu cette même forme svelte et comprimée dans le haut des tours, de la Grèce et de la Sicile ; elle paraît donc essentiellement appartenir au midi, et je n'aurais pas hésité de lui donner le nom plus ancien de *S. levantina* Desh., si la plupart des Malacologues (Pfr. Mon. II, p. 515), et récemment encore M. Bourguignat (Catal. p. 6) n'avaient pas déclaré ce nom être synonyme de celui de *Pfeifferi*.

20. Pupa Philippii Cantr. *var. exigua* Mss.

De Ianina. C'est la même forme dont nous avons fait mention dans l'article sur Corfou.

21. Pupa avena Drap.

Voilà une seconde Pupa, laquelle manque aux îles ioniennes et qui n'a pas de rapport avec la précédente. C'est au reste entièrement l'espèce si bien connue de l'Europe moyenne, garnissant par milliers les rochers calcaires ; seulement sa teinte tire plus sur le brun, que sur le chocolat. M. Schläfli l'a recueillie en quantité, tant à Ianina qu'à Leskowik. Son apparition dans l'Epire mérite d'être notée, attendu qu'elle est remplacée dans une partie de la Dalmatie et de l'Istrie par la *P. hordeum* Rssm. (non Studer) (Icon. I, p. 320), qu'on reconnaît à sa forme conique et ses tours convexes.

22. Pupa minutissima Hartm. *var. obscura* Mss.

T. eleganter striata, epidermide obscura, permanente vestita, anfractibus 6, spira de tertio cylindrica; margine vix reflexiusculo, obscuro; apertura edentula.

Elle s'est trouvée à Ianina sous la mousse, associée à l'*H. pulchella* Müll., sa compagne ordinaire.

Les différences de la forme typique consistent dans la permenance d'une épiderme brun-foncée, matte, masquant les stries costulées, en un sommet encore plus obtus, ne commençant à s'attenuer qu'au quatrième tour à partir de l'ouverture, enfin en une ouverture sans trace de dents, et un bord peu épaissi et foncé. Il me semble que ces caractères ne sont pas suffisants pour justifier l'établissement d'une nouvelle espèce.

23. Clausilia stigmatica Ziegl.

Des trois espèces de Clausilies qu'on rencontre encore à Pentapigadia la première, la *C. papillaris* Drap. ne semble pas quitter le versant de la côte et, comme autre part, se tenir essentiellement au voisinage de la mer. La seconde, la *C. stigmatica* Zglr., si fréquente à Corfou et à Prévésa, devient extrêmement rare aux environs de Ianina; M. Schläfli n'en a découvert qu'un seul échantillon dans la mousse d'un tronc de chêne, à 1 1/2 lieue de la ville. Cette espèce paraît moins liée à la proximité de la mer, qu'à la présence d'une certaine humidité dans l'air et d'un sol couvert de végétations, deux conditions que le terrain aride de Ianina ne présente pas.

24. Clausilia senilis Zglr. *var. epirotica* Mss.

La troisième espèce de Pentapigadia, aimant les rochers exposées, se trouve parcontre en quantité aux environs de Ianina. Elle a tous les caractères de la variété de Pentapigadia, à l'exception d'une taille en moyenne plus petite. Elle s'associe alors avec les espèces suivantes, dont trois sont particulières à l'Epire.

25. Clausilia conspersa Parr.

Ianina est la vraie patrie de la *C. conspersa*; au lieu d'y être rare, comme à Corfou et sur le littoral,

elle peuple par millier les murs et rochers du château.
Dans une localité elle atteint une longueur de 20^{mm}
sur 5 d'épaisseur et développe un bord labié d'un
millimètre de largeur. La surface foncée, finement
striée et ornée le long de la suture de stigmates, qui
ne sont point des papilles, mais une coloration blanchâtre des stries, lui donne un aspect fort élégant.
Elle se trouve également à Leskowik.

26. Clausilia vallata Mss.

> *T. rimata, ventroso-fusiformis, vix diaphana, striatula
> sine nitore, griseo vel pallide cornea. Spira summo
> subattenuato, obtusiusculo; sutura non impressa, mi-
> nute, versus summum distinctius papillata. Anfr. 9½
> primi convexi striati et papillati; sequentes plani,
> subcrenulati, ultimus sine papillis costulato-striatus,
> latere vix depressiusculus, praeditus ruga acuta alba,
> de rima per cervicem et latus ad suturam ascendente.
> Apertura oblique pyriformis; lamellis parvulis, infera
> profunda et depressa; lunella distincta, extus conspicua,
> suturam attingente; plicis palatalibus nullis, columel-
> lari, torta, vix emersa. Perist. vix continuum, non
> solutum, appressum, expansum, intus labio latissimo
> albo, aperturam percoarctante productum; margine
> reflexiusculo.*

Long. 19—20, *diam.* 4 *mm.*

Apert. altit. 3,8, *latit.* 3,2 *mm.*

Une belle espèce, qui se place à côté de l'espèce
Croäte *C. vibex* Rssm. (Icon. I, N° 629), mais qui en
diffère par les nombreux caractères indiqués dans la
diagnôse, par la grandeur, la restriction des papilles
aux tours supérieurs, la crête aigüe qui orne la nuque
et le flanc du dernier tour, la forme allongée de l'ouverture, la prolongation de la lunule jusqu'à la suture,

l'absence de tout pli, excepté le columellaire, la labiation extraordinaire et peu enfoncée, etc. Elle se trouve en grand nombre sous les pierres aux environs de Ianina.

27. Clausilia rugilabris Mss.

T. rimata, ventroso-subfusiformis, glabriuscula, pellucida, striatula. Spira, summo subattenuato, obtusiusculo, sutura tenui albida. Anfractus 11, superi convexi, fusco-cornei; sequentes planiusculi, ultimus subinflatus, fortiter striatus, cervice late rotundata. Apertura rotundato-quadrata, magna; lamella supera emergente, perspicua; infera remota, depressa, undulata; lunella maculiformi, plicam secundam palatalem, minorem, non superante; plicis 4 perspicuis, prima suturæ parallela, secunda breviori, lunella exeunte, tertia punctiformi remota, columellari vix emergente. Perist. interruptum, late reflexum, limbo albo incrassato, inæqualiter rugoso, ad canalem superam subdentato præditum.

Long. 21. — latit. 4,5 mm.

Apert. altid. 4,8; latit. 4 mm.

Une seconde nouvelle espèce, qui à Ianina est extrêmement fréquente, se trouvant partout entre les pierres et les rochers. Au premier abord elle rappelle le groupe dalmate qui contient les *C. cattaroensis* Ziegl., la *lævissima* Ziegl. avec sa variété la *C. superstructa* Parr., la *pachystoma* Küst., etc. (Rossm. Icon. I, N° 100. II, N° 716, 717. — Pfr. Mon. II, p. 431, 433. III, p. 604). Mais la première est bien plus cylindrique, elle a ses lamelles et la lunelle plus développées, ses second et troisième plis allongés et visibles, son bord peu épaissi. Les trois autres espèces n'ont qu'un seul pli pariétal, allongé et visible et une

lunelle étendue à partir de ce pli unique. Le groupe
des *C. bilabiata* Wagn. et *crassilabris* Müll. (Pfr. II,
p. 450) n'a d'autre analogie que l'épaisseur du bord.
La forme et le bord de l'ouverture, la forme de la
coquille, surtout celle du dernier tour ressemblent
aussi à la *C. contaminata* Ziegl. de Céfalonie, mais
cette dernière est opaque, bleu-lactée, elle n'a que
de très faibles lamelles, qu'un seul pli pariétal, etc.
La *rugilabris* se place en définitive entre la *cantaminata*
et la *cattaroensis*.

28. Clausilia janinensis Mss.

T. rimato-perforata, cylindraceo-fusiformis, sublæ-
vigata, diaphana, pallide cornea. Spira sensim at-
tenuata; apice saturate corneo; sutura subimpressa,
albido-filosa. Anfractus 12; primi convexi striati,
nitidi; medii planiusculi; ultimus pallidus, secundum
suturam inflatus, medio subimpressus, cervice obtuso-
bituberculata. Apertura semiovalis, subinterrupta;
lamella supera compressa, protracta, infera profunda,
invalida; plica supera elongata, perspicua; secunda
imperfecta breviori; tertia infera punctiformi; lunella
distincta, plicæ superæ juncta. Perist. expansiusculum,
non solutum, vix tenuiter labiatum; marginibus sub-
parallelis, remotis, callo tenui junctis.

Longit. 17. — *Latit.* 3 *mm.*

Apert. altit. 3; *latit.* 2,8 *mm.*

Cette troisième espèce, tout aussi fréquente aux
environs de Ianina que les précédentes, se rapproche
encore plus de la *Cl. cattaroensis*. La petitesse, la
forme plus élancée, la couleur pâle des derniers tours,
le faible développement des plis, surtout du second
et du troisième, la petitesse de la lamelle inférieure,
la striature de la surface, enfin la forme du dernier

tour suffisent, je pense, pour démontrer son indépendance de cette espèce, aussi bien que des autres nombreuses espèces de la Dalmatie auxquelles on serait tenté de la comparer.

29. Cyclostoma elegans Lam.

Très fréquent à Ianina et à Sziza, toujours à l'état normal.

30. Pomatias excisus Mss.

> *T. imperforata, conico—turrita, tenuiscula, subdiaphana, pallide griseo—cornea, unicolor vel leviter biseriatim luteo—maculata, argute albido—costulata. Spira sursum conica; summo acutiusculo; sutura regulari. Anfract. 8—9, convexi; primi lævigati, fere vitrei; medii fortiter costulati, ultimus subteres, costulis minoribus arctioribusque præditus. Apertura verticalis, suburcularis. Perist. duplex; internum continuum, appressum, in perforationis loco reflexum et eam obtegens; externum concavo—dilatatum, extus albidum, biauriculatum, auricula supera fere adnata, infera spatio exciso lato separata. — Operculum normale.*

Altit. 10; diam. 4 mm.

Aper. diam. int. 2,2; — ext. 3,4 mm.

Cette espèce, qui provient de Ianina, ne peut être comparée qu'aux *P. auritus* Ziegl. (Rssm. I, N° 398. — Pfr. Mon. Pneum. I, p. 297) et *P. tesselatus* Wiegm. (Rssm. I, N° 404. — Pfr. I, p. 299). Mais elle est plus élancée que toutes les deux, presqu'autant que le *P. patulus* Drap.; elle n'a pas leur test cendré et opaque, possède un ou deux tours de plus et se distingue enfin par la grandeur de l'intervalle, qui sépare l'oreillette gauche du bord largement réfléchi de la surface de l'avant-dernier tour. La perforation manque entièrement. De plus, la surface est plus finement costulée que dans le *tesselatus* et plus également que dans l'*auritus*, auxquels cependant elle se lie en un même groupe, caractérisé par un double bord largement réfléchi et biauriculé, lequel manque au groupe français du *P. obscurus* Drap. et *carthusianus* Dupuy (*apricus* Mss.).

31. Limnæus stagnalis Müll.

Se trouve en quantité dans le lac de Ianina. La forme, l'élévation de la spire, la convexité des tours, les dimensions tiennent à-peu-près la moyenne entre les extrêmes; la coloration est parcontre d'un corné plus foncé qu'à l'ordinaire.

32. Limnæus vulgaris C. Pfr.

De petits échantillons, provenant du lac de Ianina, qui ressemblent parfaitement à des individus non adultes du *L. vulgaris* (C. Pfr. I, p. 89, T. I, f. 22 et Rossm. Icon. I, N° 53), auquel il faut adjoindre le *L. tener* Parr. de l'Orient.

33. Planorbis etruscus Ziegl.

On considère souvent ce Planorbe comme une simple variété du *P. corneus* Drap., mais la constance de ses caractères, savoir les tours renflés et moins nombreux, ainsi que la limitation de son apparition aux contrées méridionales de l'Europe, lui assurent une certaine indépendance. Les échantillons du lac de Ianina, où cette espèce se rencontre en quantité, offrent de grandes dimensions, 39^{mm} de diamètre sur 15^{mm} de hauteur; ils ont une couleur foncée sur le pourtour, j'aunâtre vers le centre et blanchâtre à la base; les tours sont au nombre de 5, mais croissent si rapidement que les trois derniers restent seuls visibles; les trois premiers sont couverts de stries

décurrentes qui, au reste, existent également dans le
P. corneus typique, quoique peu d'auteurs n'en fassent
mention ; les derniers portent souvent les impressions
décurrentes, bien connues dans plusieurs espèces
lacustres.

34. Planorbis marginatus Drap.

35. Planorbis carinatus Müll.

Ces deux espèces, habitant si souvent les mêmes
eaux sans se confondre, se trouvent également as-
sociées dans le lac de Ianina. Elles présentent toutes
les deux tellement les caractères typiques, qu'il serait
impossible de les distinguer des échantillons de l'Allemagne ou de la Suisse.

36. Planorbis janinensis Mss.

*T. valde depressa, utrinque fere æqualiter concava,
tenera, diaphana, pallide cornea, subtiliter striata,
lineis spiralibus destituta. Anfractus 4 celeriter accrescentes, depressi. subcarinati; ultimus subtus paulo
convexior, acute angulatus. Apertura obliqua, transverse depresso–elliptico; margine recto, acuto, non
labiato, nec marginato, insertionibus lamina tenui
disjunctis.*

Diam. maj. 4,6 ; min. 3,4 ; altit. 1,2 mm.

Diam. transv. apert. 2,1 ; altero 1,8 mm.

Ce petit Planorbe, fréquent à Ianina m'a assez
intrigué avant de pouvoir me décider à lui donner un
nom. Vu du côté des faces, la grandeur et l'enroulement
des tours rappellent beaucoup le *P. albus* M. ou *his-
pidus* Drap.; mais sur un grand nombre d'individus
que j'ai examiné à la loupe, pas un seul n'a présenté
la moindre trace des stries décurrentes de ce dernier.
En outre il se distingue de suite de cette espèce comme
des autres qui l'avoisinent, savoir le *P. lævis* Alder

(Moquin-Tandon. hist. II, p. 442, T. 31, f. 20—23 et Rssm. Icon. III, N° 964), le *P. cornu* Ehrenb. (Rssm. III, N° 963) et *Rossmaessleri* Auersw. (Rossm. III, N° 962) par la forte dépression des tours, qui supérieurement sont un peu plus aplatis qu'à la base et se terminent au pourtour par un angle assez aigu, ou une carène un peu arrondie.

37. Ancylus radiolatus Küst.

Cette espèce distincte de l'*A. fluviatilis* Dr. par son sommet moins élevé et moins marginal, et sa costulation élégante, qui part d'un crochet violet ou bleuâtre, paraît assez répandue dans une certaine zône méridionale de l'Europe. Je la possède de la Sardaigne (Küster), de la Corse (Blauner et Menzel), de la Sicile (Schwerzenbach), maintenant de Ianina (Schläfli). M. Villa l'a nommée A. *costatus*.

38. Bythinia similis Drap.

Il y a dans le lac de Ianina deux variétés, une petite de 5^{mm} et une grande, la *B. Troscheli* Charp., de 11^{mm} qui ne diffèrent que par la grandeur, mais nullement par la forme, et que les auteurs détermineraient toutes deux comme *similis* Drap. Elles sont toutes deux un peu plus élancées que les échantillons de Berlin et du nord de l'Allemagne; leur ouverture par suite est un peu plus allongée, mais on ne peut se méprendre sur l'espèce. Au reste M. Roth l'a également recueillie dans l'Attique.

39. Paludina inflata Villa.

Sans m'occuper de la question, si cette forme remarquable de la Briança est indépendante ou liée comme variété à la *P. vivipara* Drap., il me paraît fort intéressant de la voir reparaître, avec tous les caractères essentiels qu'indique M. Villa (Dispos. syst. 1841,

p. 60) et avec des dimensions tout aussi gigantesques (60ᵐᵐ sur 40), en une seconde localité, le lac de Ianina. Il y a cependant quelques faibles différences: *Var. janinensis* Mss., — *T. striata, griseo-cornea; perforatione angusta, semitecta; anfractibus minus convexis; spira paulo elatiore, summo corroso, obtuso.*

La coquille est un peu plus élevée, ses tours sont un peu moins arrondis que dans la forme du lac de Pusiano, sans se rapprocher pourtant de la *P. fasciata* Müll. (*achatina Drap.*); l'ombilic surtout est plus étroit et presque caché par la réflexion du bord columellaire. Le sommet, toujours corrodé dans les vieux individus, est par ce motif obtus et non mucroné; la surface sous une pellicule végétale est assez fortement striée et moins foncée que dans le type.

Jusqu'ici M. Schläfli n'a envoyé ni Paludinelles, ni Neritines de Ianina, deux genres, dont abondent ordinairement les contrées de l'Orient.

40. Valvata piscinalis Müll.

Du Lac de Ianina. C'est la forme typique, la plus fréquente dans la France et le nord de l'Allemagne, intermédiaire entre la variété plus turriculée des lacs de la Suisse et la *V. depressa* C. Pfr. des eaux courantes.

41. Cyclas cornea Lin.

Cette espèce, la *C. rivalis* Drap., est une des plus répandues. Elle se trouve dans toute la France et l'Allemagne, l'Italie boréale, la Russie méridionale, etc.; il n'est donc pas étonnant de la retrouver dans l'Epire, aux environs de Ianina. C'est au reste la variété peu bombée qui par son contour général se rapproche un peu de la *C. lacustris* Müll. (*caliculata*

Drap.), tout en différant de cette espèce par ses cro-
chets peu apparants et la curvature du bord cardinal.

42. Anadonta cellensis Schröt.

Du lac de Ianina. Cette forme rentre entièrement
dans les dimensions et le cercle des variétés de l'*A.
cellensis*, quoiqu'elle soit un peu moins large et plus
bombée que la figure de M. Rossmaessler (Icon. I,
N° 280). Les plus grands échantillons ont 13,5 cm.
de longueur sur 6,3 cm. de largeur et 4,0 cm. d'épaisseur de valve à valve. Comme toujours les jeunes
individus sont comparativement plus larges et se rapprochent par là de l'*A. piscinalis* Nilss.

43. Dreissena polymorpha Pallas.

Le lac de Ianina est rempli de cette curieuse
bivalve qui au moyen de son bissus s'attache en
grappes de nombreux individus aux objets les plus
divers. La présence dans l'intérieur des terres est
un fait remarquable sur lequel les naturalistes ne sont
pas encore d'accord; les uns la considèrent comme
l'effet d'une introduction venant du dehors, les autres
comme la preuve d'une origine indigène, dans les
lieux mêmes où on l'observe. Je pense que chacune
de ces opinions a son côté de vérité. D'abord il est
prouvé que les Dreissénes ont de temps historiques
envahi divers ports et progressivement remonté certains cours d'eau, où jadis on ne les connaissait
pas. Mais si ce fait s'explique très naturellement par
la faculté exceptionnelle de cette bivalve de prospérer
aussi bien dans les eaux salées que dans l'eau douce
et par sa disposition à voyager, en se fixant à la
coque des bâtiments, il n'en est plus ainsi lorsqu'il
s'agit de localités qui ne sont pas en communication
avec la mer et que nul bateau ne saurait atteindre.

Tel est le cas du lac de Ianina et de quelques autres dans l'intérieur de l'Epire et de la Rumélie, éloignés qu'ils sont de la côte et n'ayant aucun écoulement apparent vers la mer. Comment une migration quelconque aurait-elle pu avoir lieu? Si l'on accorde, pour faire la part des circonstances fortuites et accidentelles, la possibilité que les Dreissenes aient pu s'insinuer dans l'un de ces lacs, leur présence dans *plusieurs* d'entr'eux, en dépit de leur distance et de leur indépendance mutuelle, sera bien difficile à concevoir et milite certainement en faveur d'un origine indigène. Mais le fait le plus concluant me paraît être la différence spécifique qui existe entre les formes de différentes contrées assez voisines, différences qui, certes, ne pourraient subsister, si la diffusion ne s'était opérée que par transport ou migration. Je citerai comme exemple l'espèce qu'a rapportée M. de Schwerzenbach de certains lacs dans l'intérieur de l'Asie-Mineure et qui ne peut être réunie à la *D. polymorpha*. En définitive je pense que cette dernière espèce est indigène dans la Turquie, les provinces du Danube, où on la rencontre jusqu'en Hongrie et dans la Russie méridionale, tandis que sa présence dans le Nord de l'Europe, en Hollande, dans le Danemark et dans les fleuves de la Baltique serait due à un transport du dehors, qui n'a pu atteindre les bassins intérieurs trop isolés ou trop éloignés de la mer.

V. LA BULGARIE.

Pour arriver à Ianina M. Schläfli traversa, à partir de Varna sur la mer noire, toute la Bulgarie et la haute Macédoine. Ce voyage, long et pénible, fait à cheval à la suite du régiment, sans autre repos que quelques heures de bivouac, et sous l'assujetissement du service, ne lui laissait que bien peu de temps à vouer aux études d'histoire naturelle. Aussi les objets provenant de ce voyage sont-ils en petit nombre et proviennent-ils de points assez espacés le long de la route. Néanmoins, comme les conditions climatériques et la végétation de ces vastes contrées offrent une grande uniformité, il nous semble permis de réunir tous ces objets en un même tableau, qui, en somme, donnera une idée assez juste de la faune de ce pays et fera du moins ressortir les espèces qui y dominent.

En partant de l'Albanie, si l'on suit en sens contraire la route, qu'a parcourrue M. Schläfli, on passera par les points suivants, qui lui ont fourni quelques objets: 1) Perespé, près d'un petit lac, dans les montagnes qui séparent l'Albanie de la Rumélie, à 10 lieues de marche de Gördsche; 2) Palanka, petite ville dans le haut de la Macédoine à 49 heures de Perespé; 3) Köstendil (Constantin) 7 heures plus loin, situé dans une large vallée et renommé par ses sources chaudes; 4) Iwortscha (Iswor), habité par des Bulgares mahomédans, à 36 lieues de Köstendil; 5) Loftschia, au milieu d'immenses champs de blé, à 5 lieues vers le NE.; 6) Selwi, jolie ville Bulgare à 6 lieues de Loftschia; 7) Tirnowa, ville de 40000 habitants, 8 lieues à l'Est; 8) Dschuma dans une contrée fertile, à 17 lieues de Tirnowa; enfin 9) la forteresse de Schumla, située à l'extrémité d'une montagne à 5 lieues de Schumla et 18 de Varna. Ce long trajet de 88 lieues de chemin a fourni les espèces suivantes :

1. Zonites hydatinus Rossm.

Palanka, une nouvelle localité à ajouter à celles que nous avons déjà nommées.

2. Helix lucorum Lin.

De Kostendil. Elle paraît occuper une large bande qui de l'Adriatique traverse l'Albanie, la Rumélie et la Thracie jusqu'à Constantinople.

3. Helix pomatia Lin.

Il est parcontre intéressant de rencontrer au Nord du Balkan à Selwi et à Dschuma la vraie *pomatia* avec tous les caractères qu'elle présente dans l'Europe moyenne.

4. Helix fruticum Lin.

Kostendil est le seul endroit d'où M. Schläfli a rapporté cette espèce, si frequente dans l'Europe moyenne, et qu'on cite de plusieurs points des provinces danubiennes. L'ombilic est assez grand; la forme et la sculpture du test ne diffèrent parcontre pas de la forme typique.

5. Helix frequens Mss.

Prespé, Selwi, Dschuma, Schumla. Elle traverse donc toute la Turquie européenne et ne varie guère que dans sa couleur, tantôt plus claire, tantôt plus foncée et ses dimensions variant de 12 à 15 millim. de diamètre.

6. Helix carthusiana Müll.

Elle est très repandue sans présenter des particularités notables. M. Schläfli l'a recueillie à Iwortscha, à Selwi, à Kostendil, à Loftschia, à Tirnowa, à Dschuma et Schumla. A Selwi elle est un peu globuleuse, à Schumla au contraire un peu plus déprimée que de coutume.

7. Helix striata Müll.

Nous suivons à l'égard de cette espèce la distinction qu'a clairement établie M. A. Schmidt (Malac. Blätter 1854, p. 17) entre l'espèce de Müller et celle de Draparnand, la première (l'*H. costulata* Ziegl.) habitant l'Allemagne et l'Autriche, la seconde, l'*H. profuga* A. Schm. se répandant dans les plaines de la Lombardie et sur les bords de la Méditerranée. La coquille trouvée à Tirnowa, à Iwortscha, à Selvi et à Dschuma, quatre localités au Nord de la chaîne du Balkan, appartient bien positivement à la première de ces espèces, et non à la seconde. Elle paraît suivre le cours du Danube et s'étendre dans tout le bassin de ces confluents, sans franchir vers le midi les remparts naturels qui le bordent.

8. Helix cricetorum Müll. *var. vulgarissima* Schl.

Cette variété qui dans l'Epire était extrêmement fréquente, ne s'est retrouvée qu'à Iwortscha, en Bulgarie, toutefois plus blanche et moins irrégulière. Dans tous les autres lieux domine une forme voisine, que le malacologue exercé rapportera à l'espèce suivante :

9. Helix obvia Hartm.

Son ombilic est sensiblement moins évasé, ses tours sont supérieurement moins convexes, même un peu aplatis, sa coloration se distingue par une bande brune sur le dos de la circonférence, le plus souvent unique et interrompue d'espace en espace. Cette espèce s'est trouvée à Iwortscha, à côté de la précédente, puis seule à Tirnowa, Dschuma et Schumla. L'*H. obvia* est encore, comme l'*H. striata* Müll., une espèce qui manque à l'Ouest de l'Europe; elle ne commence qu'en Bavière et sur les confins de la Suisse, d'où elle se disperse vers l'Est sur toute l'Autriche jusqu'à la mer noire. Les localités précitées rentrent à tout égard dans son domaine.

10. Helix corcyrensis Partsch. *var. girva* Friw.

Tandis que dans l'Epire dominaient la forme typique et la *var. canalifera* Ant., on rencontre dans la haute Macédoine et la Bulgarie plutôt, quoique non exclusivement, la var. *girva* Friw. Elle se caractérise par un sommet bombé ou largement conique, par une circonférence presque carènée, une ouverture étroite, rétrécie supérieurement par l'abaissement et l'avancement subit du bord libre à son insertion, et latéralement par une large labiation, qui répond à l'étranglement extérieur du bord. On la trouve ordinairement dépourvue d'épiderme, mais à l'état frais elle est cornée et pilifère. Cette espèce paraît très répandue et paraît remplacer l'*H. obvoluta* M. du Nord. Elle a été recueillie à Perespé, plus grande qu'à l'ordinaire, à Kostendil et à Iwortscha, se rapprochant de la forme typique, enfin à Tirnowa, Dschuma et Schumla avec les caractères bien prononcés et les petites dimensions de l'*H. girva*.

11. Helix vindobonensis C. Pfr.

Cette espèce rappelle, quant à sa distribution, l'*H. obvia* Hartm., n'étant connue ni en France, ni en Suisse où l'*H. sylvatica* Drap la remplace. A partir du Danube moyen, elle se répond sur toute l'Europe orientale sur un territoire qui embrasse la Saxe, la Pologne, les provinces danubiennes, la Dalmatie, la Bulgarie, la Russie méridionale jusque dans les provinces transcaucasiques et ne le cède en rien aux *H. nemoralis* et *hortensis*, qui parcontre manquent à la plupart de ces contrées. Presque tout le voyage de

M. Schläfli, à l'exception de l'Epire et des îles ioniennes, tombent dans le domaine de cette espèce; aussi l'a-t-il envoyée de Kostendil, Iwortscha, Loftschia, Selvi, Tirnowa, Dschuma et Schumla et de ces lieux, en partie fort distants les uns des autres, avec des caractères remarquablement constants, ce qui au reste est une particularité de la plupart des espèces du groupe *Archelix* Alb.

12. Bulimus detritus Müll.

Cette espèce traverse toute la Bulgarie, sans dévier de la forme typique, comme parcontre s'était le cas dans l'Albanie. M. Schläfli l'a trouvée à Kostendil, à Loftschia, Selwi, Tirnowa et à Schumla. En somme ses dimensions sont un peu plus grandes que dans le Nord. A Tirnowa et Schumla elle se colore élégamment, comme dans la var. *radiatus* de la France.

13. Chondrus tridens M. var. *eximius* Rossm.

Tirnowa, Selwi, Dschuma et Schumla. Cette variété qui se distingue par le fort développement des dents, surtout de celle, située sur le bord columellaire (Rossm. Icon. I, N° 305. II, N° 722), et qui dans ses formes extrêmes se rapproche du *H. quinquedentatus* Mhlf., devient, à partir de la Lombardie, à travers l'Illyrie, la Dalmatie, la Bulgarie, en général dans les parties méridionales de son domaine, la forme dominante: Elle est en moyenne plus grande (14^{mm} sur 6) et plus forte que les formes boréales; de Schumla cependant M. Schläfli à envoyé en deux exemplaires une petite variété (10 sur $3^{1}/_{2}$), qui est singulièrement grêle et se rapproche beaucoup du type.

14. Chondrus microtragus Parr.

Cette espèce est classique pour les contrées dont nous parlons, en se répandant, quoique étrangère à d'autres contrées, à travers toute la Rumélie jusqu'aux environs de Constantinople. En Illyrie et dans la Carniole elle manque, d'un autre côté on ne la trouve ni en Crimée, ni dans le Caucase. Prespé est le premier point où M. Schläfli l'a rencontrée. Ensuite il l'a recueillie à Loftschia, Selwi, Tirnowa, Dschuma et Schumla, vivant partout en quantité avec le *Ch. tridens* var. *eximius*, sans jamais se confondre avec lui. Le *Ch. microtragus* (Rossm. Icon. II, N° 651 et Küst. Pupa. p. 62, T. 8, f. 9, 10) est en somme plus petit, plus renflé et contracté et se caractérise surtout par son bord basal muni d'une labiation rectiligne, flanquée des deux côtés symmétriquement par une dent latérale pointue.

15. **Chondrus seductilis** Ziegl.

Quoique bien moins fréquente que les deux précédentes, cette espèce, recueillie à Tirnowa, Dschuma et Schumla, est encore de celles qui appartiennent essentiellement au sud-est de l'Europe. A l'ouest de la Dalmatie on ne la connaît plus. Elle appartient du reste au groupe sénestre du *Ch. quadridens* Müll. et se distingue de ce dernier par l'absence des deux dents columellaires (Rossm. Icon. II, N° 724 et Küst. Pupa. p. 27, T. 3, f. 24—27).

16. **Pupa avena** Drap.

Cette espèce, citée pour Ianina, s'est retrouvée près de Tirnowa, presque identique avec la forme de la France et de l'Allemagne. Seulement la couleur est un peu plus brunâtre.

17. **Clausilia plicata** Drap. *var. transylvanica* Parr.

Les belles espèces de Clausilies, qui peuplaient l'Epire, paraissent toutes manquer à la Bulgarie et faire place à des formes qui rapellent bien plus les types du Nord. M. Schläfli a recueilli à Tirnowa une espèce qui par sa costulation à stigmates blancs, par son ouverture allongée, à bord extérieur muni de plis, à la vérité peu prononcés, par son pli pariétal unique, le moyen des trois que présente ce groupe, enfin par son canal basal répondant à une crête principale de la nuque, rentre dans le domaine de la *C. plicata* Dr. et correspond à la variété, nommée par M. Parreiss var. *transylvanica*. Elle est plus petite que le type, 8^{mm} seulement, moins élancée, n'a que le pli moyen pariétal bien développé, que de faibles plis au bord libre et à peine des indices au bord columellaire.

18. Clausilia cana Held.

De Tirnowa et de Dschuma. Cette espèce, nommée par M. Parreiss *C. tesselata* (A. Schmidt. Zeitschr. f. d. ges. Naturw. 1853 p. 1) appartient au même groupe que la précédente et lui ressemble sous la plupart des rapports, de sorte qu'à Tirnowa, où les deux se mêlent, il est difficile de les séparer. Les caractères différentiels sont: l'absence des plis à la circonférence et la présence de deux plis pariétaux bien marqués, le premier parallèle à la suture et le troisième, suivant le bord du canal basal, tandis que dans la *C. plicata* c'est le troisième qui domine. La forme de Dschuma a le flanc de l'ouverture à l'extérieur un peu plus impressionné que le type de la Bavière.

19. Clausilia intricata Friw.

Cette troisième espèce de Loftschia est encore voisine des précédentes, mais se rapproche le plus de la *C. frandigera* Parr. (Rossm. Icon. II, N° 622), dont peut-être elle n'est qu'une variété. Toutes deux se distinguent des précédentes par la présence à l'extérieur de la nuque de deux crètes obtuses, au lieu d'une, dont l'une toutefois domine sur l'autre, et qui bordent une rigole assez étendue. Le flanc extérieur de l'ouverture est un peu enfoncé entre deux gibborités, l'une suturale, l'autre formée par la petite crête, toutefois pas autant que dans la *C. bulgarensis* Friw. Ordinairement on observe des traces des trois plis pariétaux du groupe, ils sont cependant peu développés, le second et le troisième souvent même à peine apparents. La costulation sensiblement plus fine et plus aigüe, le test plus mince, la couleur presque uniforme et cendrée la distinguent provisoirement de la *fraudigera*. Ces deux espèces, ainsi que les *C. cana* Held, *C. vetusta* Ziegl. (Rssm. Icon. I, N° 260), *C. socialis* Friw. (Pfr. Mon. II, p. 471), *fritillaria* Friw. (Rossm. Icon. II, N° 623) et *pagana* Ziegl. (Rossm. Icon. II, N° 701), qu'on cite toutes des mêmes contrées de la Turquie, forment encore un ensemble bien difficile à débrouiller, sans de nouvelles données sur la distribution et les rapports des espèces qui le composent.

20. Clausilia auriformis Mss.

T. rimata, gracili–fusiformis, lœvigata, nitida, subpellucida, griseo–cornea. Spira summo acutiusculo, sutura simplici. Anfr. 11 —12, plani, primi convexiusculi, ultimus ad cervicem depresso–rotundatam striatus. Apertura inverse auriformis, lamellis validis perangustata ; supera fere horizontali, valde incrassata in marginem non producta ; infera verticali patente ; lunula nulla ; plicis palatalibus 3, prima longiori tenui, secunda brevi vix perspicua, tertia sub–verticali immersa. Perist. continuum breviter solutum, late reflexum et expansum, intus crasse albo–labiatum.

Long. 17. Latit. 3 mm.

Apert. alt. 4,0, latit. 3,1 m.

Cette espèce provenant d'Iwortscha est proche parente de l'espèce transylvanique *C. marginata* Ziegl. (Rossm. I, N° 107 et II, N° 626. Pfeiff. Mon. II, p. 400) dont M. Rossmaessler décrit une grande variété provenant suivant M. Friwaldsky également de la Turquie. De même que dans tout le groupe, auquel appartiennent ces espèces, la lunule manque entièrement, le Clausilium est fortement incisé, la lamelle supérieure très élevée, enfin la nuque largement arrondie. La séparation de notre espèce de la *C. marginata* repose sur les différences suivantes: la forme est plus élancée, les tours sont moins convexes, la nuque est plus déprimée, l'ouverture plus allongée et auriforme, le bord, fortement labié à l'intérieur, très-dilaté, mais non marginé, la lamelle supérieure remarquablement proéminente et fort épaissie.

21. Cyclostoma elegans Lam.

De Schumla et de Dschuma. Conforme au type.

22. Cyclostoma costulatum Ziegl.

Recueillie à Iwortscha et à Tirnowa. J'avoue qu'après avoir rassemblé des échantillons de 13 localités bien authentiques, qui me parvinrent soit sous le nom de *C. costulatum* Ziegl. (Rossm. Icon. I, N° 395. Chemn. Ed. II, T. 9, f. 6—8), soit sous celui de *C. glaucum* Sow., je ne suis pas en état de distinguer ces deux formes, tandis que l'espèce plus grande de la Syrie, la *C. Olivieri* Sow., s'en sépare très-naturellement par sa suture recouverte et son opercule paucispire (Pfr. Mon. Pneumonop. Suppl. I, p. 122. Chemn. Ed. II, T. 21, f. 20, 21). La couleur dans les échantillons de la Transcaucasie, aussi bien que dans ceux de

Bulgarie et de la Hongrie, varie par toutes les nuances du bleu cendré au cendré-jaunâtre; la costulation est tantôt uniforme, tantôt inégale, tantôt croisée par des stries. d'accroissement aigües; la suture souvent est simplement enfoncée, d'autres fois faiblement creusée en gouttière. A la vérité je n'ai aucun échantillon aussi élevé et à opercule aussi peu enroulé que le présente la figure de M. Pfeiffer (Chemn. Ed. II, T. 9, f. 3—5). Les bords de la Mer-Noire sont la vraie patrie de cette espèce, qui de là se répond à l'Est et à l'Ouest dans l'intérieur des terres en empiétant sans transition de forme sur le domaine du *C. elegans.*

23. Limnæus truncatulus Müll.

De Palanka. Il est un peu plus élancé que la forme la plus commune dans le Nord, mais ne sort pas du cadre des variétés, que l'espèce de Müller présente d'une localité à l'autre. La même forme se trouve selon M. Heldreich dans l'Attique.

24. Limnæus vulgaris C. Pfr.

Identique avec ceux de *Ianina.*

25. Dreissena polymorpha Pallas.

Elle se trouve dans le lac de Prespé, qui n'est ni en rapport avec l'Adriatique, ni avec le lac de Ianina.

En résumé, la faune malacologique de la Bulgarie se compose des éléments suivants: 1) Espèces européennes ou généralement répandues: *Helix pomatia, fruticum, carthusiana, ericetorum; Bulimus detritus; Pupa avena; Clausilia plicata; Cyclostoma elegans; Limnæus truncatulus.* — 2) Espèces qui suivent presque tout le bassin du Danube, mais manquent à l'Europe occidentale:

Helix vindobonensis , striata , obvia; Clausilia cana. — 3) Espèces du midi de l'Europe, se continuant les unes à l'Ouest les autres vers l'Est : *Zonites hydatinus, Helix lucorum, frequens; Chondrus eximius, seductilis; Cyclostoma costulatum; Dreissena polymorpha.* — 4) Espèces restreintes, à ce qu'il paraît, à cette partie de la Turquie : *Helix girva; Chondrus microtragus; Clausilia intricata, auriformis.* A juger exactement, chaque espèce a son domaine spécial, ainsi que ses habitudes particulières, et ce n'est qu'en embrassant des contrées étendues qu'il devient possible d'en réunir plusieurs en groupes géographiques.

Pour contribuer enfin à la composition d'un tableau complet de la faune malacologiques turque, nous allons réunir en une seule liste toutes les espèces que M. Schläfli a recueillies entre l'Adriatique et la Mer-Noire, en indiquant leur plus ou moins grande fréquence par les chiffres 3, 2, 1.

Espèces.	Littoral de l'Epire.			Plateau de l'Epire.				La haute Rumélie et la Bulgarie.								
	Sayades.	Prévésa.	Pentapigadia.	Sziza.	Ianina.	Leskowik.	Gördsche.	Prespé.	Palanka.	Köstendil.	Iwortscha.	Loftschia.	Selwi.	Tirnowa.	Dschuma.	Schumla.
Vitrina pellucida Müll.	—	—	—	—	1	—	—	—	—	—	—	—	—	—	—	—
Zonites glaber Stud. v. nitidissimus Parr.	—	—	—	3	2	1	—	—	—	—	—	—	—	—	—	—
* » croaticus Partsch. v. transiens Mss.	—	—	—	3	—	—	—	—	—	—	—	—	—	—	—	—
» hydatinus Rossm.	—	1	—	—	1	—	—	—	1	—	—	—	2	—	2	—
Helix pomatia Lin.	—	—	—	—	—	—	—	—	—	—	—	—	—	—	—	—
* » Schläflii Mss.	—	—	—	2	3	—	—	—	—	—	—	—	—	—	—	—
» lucorum Müll.	—	—	—	—	—	—	1	—	—	1	—	—	—	—	—	—
» ambigua Parr.	2	2	—	—	—	—	—	—	—	—	—	—	—	—	—	—
» aspersa Müll.	2	3	—	—	—	—	—	—	—	—	—	—	—	—	—	—
* » subzonata Mss.	—	—	2	2	3	—	—	—	—	—	—	—	—	—	—	—
» corcyrensis Partsch. typica	—	—	2	—	—	—	—	—	—	—	—	—	—	—	—	—
* » » » v. octogyrata Mss.	—	2	—	—	—	—	—	—	—	—	—	—	—	—	—	—
» » » v. canalifera Ant.	3	—	2	—	2	—	—	—	—	2	—	—	—	—	—	—
» » » v. girva Friw.	—	—	—	—	1	—	—	2	—	—	2	—	2	2	2	2
» carthusiana Müll.	3	3	—	3	3	3	—	—	—	2	3	3	2	2	3	3
* » frequens Mss.	—	1	—	—	—	2	—	2	—	—	—	—	1	—	2	2
» Olivieri Fer.	2	—	—	—	—	—	—	—	—	2	—	—	—	—	—	—
» fruticum Lin.	—	—	—	—	—	—	—	—	—	—	—	—	—	—	—	—
* » sericea Drap. v. epirotica Mss.	—	—	—	—	1	—	—	—	—	—	—	—	—	—	—	—
» pulchella Müll.	—	—	—	—	2	—	—	—	—	—	—	—	—	—	—	—

Espèces.	Littoral de l'Epire.			Plateau de l'Epire.				La haute Rumélie et la Bulgarie.								
	Sayades.	Prévésa.	Pentapigadia.	Sziza.	Ianina.	Leskowik.	Gördsche.	Prespé.	Palanka.	Köstendil.	Iwortscha.	Loftschia.	Selwi.	Tirnowa.	Dschuma.	Schumla.
Helix pisana Müll.	—	3	—	—	—	—	—	—	—	—	—	—	—	—	—	—
» variegata Friw.	2	2	—	—	3	—	—	—	—	—	2	—	3	3	2	—
» striata Müll.	—	—	—	—	—	—	—	—	—	—	2	—	—	3	3	3
» apicina Lam.	—	2	—	—	—	—	—	—	—	—	—	—	—	—	—	—
* » ericetrum Müll. v. vulgarissima Schl.	—	—	—	3	3	2	—	—	—	—	2	—	—	—	—	—
» obvia Hartm.	—	—	—	—	—	—	—	—	—	—	—	—	3	3	3	3
» conica Drap.	—	2	—	—	—	—	—	—	—	—	—	—	—	2	2	2
» vindobonensis C. Pfr.	—	—	—	—	—	—	—	—	—	2	2	—	—	3	—	3
Bulimus detritus Müll.	—	—	—	—	—	—	—	—	—	1	1	2	—	—	—	—
» » v. tumidus Parr.	—	—	—	—	—	2	2	—	—	—	—	—	—	—	—	—
» acutus Müll.	—	3	—	—	—	—	—	—	—	—	—	—	—	—	—	—
Chondrus pupa Linn.	3	2	—	—	3	—	—	—	—	—	—	—	—	—	—	—
» tridens Müll. v. eximius Rssm.	—	—	—	—	—	—	—	—	—	—	—	3	3	3	1	3
» microtragus Parr.	—	—	—	—	—	—	—	2	2	—	—	3	3	2	3	3
» seductilis Ziegl.	—	—	—	—	—	—	—	—	—	—	—	—	3	2	1	3
Pupa avena Drap.	—	—	—	—	3	2	—	—	—	—	—	—	—	—	—	—
* » Philippii Cantr. v. exigua Mss.	—	—	—	—	2	—	—	—	—	—	—	—	—	—	—	—
* » minutissima Hartm. v. obscura Mss.	—	—	—	—	2	—	—	—	—	—	—	—	—	—	—	—
*Clausilia auriformis Mss.	—	—	—	—	—	—	—	—	—	—	1	—	—	—	—	—
» plicata Drap. v. transylvanica Parr.	—	—	—	—	—	—	—	—	—	—	—	—	—	2	—	—

Clausilia cana Held	—	—	—	—	—	—	—	—	—	—	—	—	—	3	3	—
» intricata Friw.	—	—	—	—	—	—	—	—	—	—	—	—	3	—	—	—
» conspersa Parr.	—	—	1	1	3	2	—	—	—	—	—	—	—	—	—	—
» stigmatica Ziegl.	—	2	1	—	1	—	—	—	—	—	—	—	—	—	—	—
* » vallata Mss.	—	—	—	—	3	—	—	—	—	—	—	—	—	—	—	—
* » rugilabris Mss.	—	—	—	—	3	—	—	—	—	—	—	—	—	—	—	—
* » janinensis Mss.	—	—	—	—	3	—	—	—	—	—	—	—	—	—	—	—
» papillaris Drap.	—	3	1	—	—	—	—	—	—	—	—	—	—	—	—	—
* » senilis Ziegl. v. epirotica Mss.	—	—	2	—	—	—	—	—	—	—	—	—	—	—	—	—
* » inconstans Mss.	2	—	—	—	—	—	—	—	—	—	—	—	—	—	—	—
*Glandina compressa Mss.	2	2	—	—	2	2	—	—	—	—	—	—	—	—	—	—
» dilatata Ziegl.	2	—	—	2	—	—	—	—	—	—	—	—	—	—	—	—
Succinea angusta F. Schm.	—	—	—	—	2	—	—	—	—	—	—	—	—	—	—	—
Cyclostoma elegans Lam.	2	3	1	3	3	—	—	—	—	—	—	—	—	2	2	—
» costulatum Ziegl.	—	—	—	—	—	—	—	—	—	—	—	3	—	—	2	—
Pomatias maculatum Drap.	—	—	1	—	—	—	—	—	—	—	—	—	—	—	—	—
* » excisus Mss.	—	—	—	—	2	—	—	—	—	—	—	—	—	—	—	—
Limnæus stagnalis Müll.	—	—	—	—	3	—	—	—	—	—	—	—	—	—	—	—
» vulgaris C. Pfr.	—	—	—	—	1	—	—	—	—	—	1	—	—	—	—	—
» truncatulus Müll.	—	—	—	—	—	—	—	—	—	2	—	—	—	—	—	—
Planorbis etruscus Ziegl.	—	—	—	—	3	—	—	—	—	—	—	—	—	—	—	—
» marginatus Drap.	—	—	—	—	2	—	—	—	—	—	—	—	—	—	—	—
» carinatus Müll.	—	—	—	—	2	—	—	—	—	—	—	—	—	—	—	—
* » janinensis Mss.	—	—	—	—	2	—	—	—	—	—	—	—	—	—	—	—
Ancylus radiolatus Küst.	—	—	—	—	2	—	—	—	—	—	—	—	—	—	—	—
Paludina inflata Villa	—	—	—	—	3	—	—	—	—	—	—	—	—	—	—	—
Bythinia similis Drap.	—	—	—	—	2	—	—	—	—	—	—	—	—	—	—	—
Valvata piscinalis Müll.	—	—	—	—	2	—	—	—	—	—	—	—	—	—	—	—
Cyclas cornea Lin.	—	—	—	—	2	—	—	—	—	—	—	—	—	—	—	—
Anadonta cellensis Schröt.	—	—	—	—	2	—	—	—	—	—	—	—	—	—	—	—
Dreissena polymorpha Pallas	—	—	—	—	3	—	—	2	—	—	—	—	—	—	—	—